友 谊
FRIENDSHIP

【英】A.C.葛瑞林（A.C.Grayling） 著
叶继英 译

中国人民大学出版社
·北京·

爱心的治愈力犹如好运所带来的喜悦。

编辑手记

给友谊留下更大的空间

A.C. 葛瑞林让我们重新审视"友谊"。友谊是我们生活中最温暖的一种关系,它带给我们的滋养有时甚至会超越爱情,也许是因为它比爱情少了一些占有欲和排他性。葛瑞林认为友谊的核心特征在于喜爱之情、同情之心和忠诚之意。友谊可以是我们和父母、子女、同学、同事之间的"朋友"之情,也可以是我们和素昧平生的人产生的相见恨晚的好感和喜爱;友谊可以让我们分享彼此不同的兴趣和思想,融入对方的世界,并担负相互守护的责任。

作为人与人之间的一种关系,古往今来的哲学家、文学家、心理学家、社会学家无不在探索友谊是什么、友谊为什么、友谊的存在价值何在,友谊在同性、异性之间的表现方式是什么,友谊和亲情、爱情之间有何关系,友谊为什么和"有利用价值"势不两立,但又会彼此心甘情愿地担负相互守护的责任。柏拉图认为从单方面需要出发的友谊不是真正的友谊,亚里士多德认为友谊存在于两个同样美好、高尚的个体之间,伊壁鸠鲁认为不仅友谊本身是美好、高尚的,它还会帮助人变得美好、高尚。西塞罗认为友谊是不同个体间的相互尊重和包容，阿奎那则认为友谊是对"神之爱"的现实翻版。康德强调了团体道德观、尊重和情感的平等性与相互性是完美友谊的关键要素。尼采则认为"朋友是不断与某人发生对抗从而使其变得更加强大的人"。蒙田坚持真诚、完美、绝对的友谊就是两个自我融为一体……

我们自然要问：友谊如此美好，那么爱情呢？无论是同性之间还是异性之间，友谊与爱情的界限在哪里？难道其分别仅仅在于有无包含性爱吗？这个问题又牵涉到爱情中的精神之恋和性欲之爱，但是其间的界限也并非泾渭分明。特别是在文学作品之中，吸引人心的情节往往是人物的复杂情感，冲突也往往来自于关系的转化或转化和未转化之间。

在现实生活中，不同年龄、不同种族和不同文化背景之下诞生了许多可歌可泣的友谊。也许在现代生活里，我们还应该给友谊留下更多的空间。互联网让人们的私密空间变小，但互不相识的人，可以通过互联网了解其所思所想，人们心灵、精神的沟通可能比面对面的交流更加深入。两个或多个美好、高尚的个体之间可以找到更多的交集，分享喜好和思想，尊重和包容个性和异见，让友谊地久天长。然而，当精神分析成为人们普遍接受的常识之时，同性和异性间的友谊往往变得稀缺，这一方面缘于人与人之间变得功利，而功利使人与人之间变得冷漠，让友谊难以为继；另一方面，人们又习惯于把友谊推向爱情，大家不再相信有纯粹的不掺情欲的友谊，总可以分析出爱甚或性爱的"潜意识"。有些人会怀疑自己与同性之间的友谊会不会是同性之恋，异性间的友谊则更难摆脱暧昧的味道。我们不由自主地缩小了友谊存在的天地。

审读《友谊》一书时，我一直纠结我们为什么要出版这样一本书，或者普通读者读了这本书能得到什么帮助。我想，读了这本书，你可以相信友谊，相信友谊的美好和高尚；坚守友谊，当你面对怀疑的目光时，按照内心的引领呵护那份"喜爱之情、同情之心和忠诚之意"；珍惜友谊，因为"另一个自我"和"我"之间不可能完全一致，尊重和包容可以使友谊美好，同时也可以"美好"我们本身；正视友谊，友谊具有成为爱情的可能是其善的一面而非邪恶；友谊还有一份责任、一份自律，甚至是自我牺牲。对友谊有一个理性、客观的认识，是《友谊》带给我们的美好和温暖，希望你在翻开这本书的时候，能像我一样感受到它。

费小琳

前　言

《友谊》作为"罪恶与美德"系列的开篇之作，是完全符合本丛书编辑宗旨的。A.C.葛瑞林通过导论的广泛论证，描绘了友谊超越了最初由于某些偶然性和功利性缘由，而将两个个体紧密联系在一起的持久连接这一人类最美好的关系图景。任何人都可以和朋友们无须争得面红耳赤地展开激烈辩论，也可以和朋友们一起将争论仅当作纯粹的讨论而无所顾忌地发生任何形式的冲突和纷争。当然这些争论和辩论都是在假定其进展过程中人们采取了苏格拉底诘问对话方式的前提之下，而且其同时也成为所有政治进步理念所产生的基础。当然合乎逻辑地展开这种关于当代有关友谊之伦理规范的辩论也是本次编辑出版"罪恶与美德"丛书的目的之一，但也并非说友谊的价值就仅仅如同柏拉图哲学思想中所坚持的现实主义态度和行为准则，即友谊必须历经漫长的历史，而且也正如A.C.葛瑞林在关于友谊的论证中所发现的，关于友谊的话题源远流长的历史已经导致了关于友谊准确构成的争论，或者说对个体友谊有时是否应该在群体中被赋予更为优先的待遇这一问题产生了怀疑。伦理观念随着历史演变的发展历程，以及其随着不断变换的社会和文化状态而体现出的不同效价，也是本丛书以此部《友谊》作为开篇之作的众多原因和目的中的另一个重要因素。

"罪恶与美德"丛书将会形成对伦理观念的某些思考方式，也必将会像其他书籍一样走进历史性资料文库中。在我们所生活的时代，人们通过基础性讨论，已经不再能对伦理思想进行比较透彻的理解和领会，然而伦理观念在漫长的历史进程中却已然形成了许多最富有成效的了解途径，只要对形成目前主流的精神价值观并历经世代导致新的精神愿景的社会、政治和文化环境之时过境迁的情况，保持着敏感的触角，就能顺利地获得这个途径。其中有关伦理的历史最能引起人们具有挑战性意味兴趣的方面，就在于任何时代的社会精神价值观往往与其产生的文化背景呈现出某种紧张对峙的局势，例如关于公正理念的某些特别理论通常会对最初与其相互关联的特有社会结构产生具有挑战意味的社会效应。而且个体意义上的友谊概念与基督教信徒的普遍愿望存在着令人目瞪口呆且又难以弥合的不一致性。因此不仅伦理观念本身确实有其历史演变过程，就连伦理观念与其自身经历的历史演变过程的相关性也成了一个富有争议的研究课题，广泛地引起了各个时代、各个民族的有识之士刨根究底，对其可能存在的各种未知情况进行深入的研究和探索。而且在这个研究领域充满着各种疑问，已然引起社会广大民众的大声呼吁，并吸引了众多学者进一步的探索和发现，尤其是人们自身在社会交往过程中明显需要精致准确的道德语言时，诸如现在人们常常能听到挂在某个政治家嘴上的"朋友"这个字眼，而且只用在其谈及另一个来自不同政党的竞争对手时。从而理解这些朋友们企图寻求政治问题的解决之道所进行的演讲是多么值得期待,甚至是令人渴望,并且进一步领会到这些美德在政治领域已然变得多么空洞和乏力。

此丛书冠名"罪恶与美德"的关键因素是要体现一种广阔深厚之感,把当代人们普遍兴趣之所在的这组话题带到最为显著的醒目位置,展现在众人面前。此丛书的读者们对致力于阐述传统意义上包括性、谎言和嫉妒在内的所谓罪恶以及包括忠诚、公正和希望在内的所谓美德的系列书籍可谓期待已久,而且对某些潜心于研究这些问题的传统书目中的部分非常规卷册,他们也是特别关切。从历史的视角重新审视道德问题,并且关注每个范畴问题随着时间流逝而不断变化的文化理解及其历史发展演变过程,是实现和保证此丛书统一性理念的关键因素,而且"罪恶与美德"丛书所具有的明晰和宽广的视野,尤其是其能吸引耽于严肃话题的广大明智读者的先天禀赋,也是大家能够对其寄予热切期待并慷慨解囊的主要因素。当然所有这些因素都远不及 A.C. 葛瑞林就友谊及其演变历史的深刻剖析和精彩阐述所散发出的非凡魅力所能带给大家的魔力。

理查德·纽豪瑟

约翰·杰弗瑞斯·马丁

目 录

导论   001

第一部分   友谊的理念

第一章   《吕西斯篇》和《飨宴篇》：柏拉图之恋与友情   023

第二章   亚里士多德的经典名言：朋友是"另一个自我"   038

第三章   西塞罗的"论友谊"：人之间的善意   051

第四章   基督教和友谊：爱你的敌人   074

第五章   文艺复兴时期的友谊：最亲切的疗伤之药   090

第六章   从启蒙运动回到罗马共和国：相互平等的爱和尊重   112

第二部分   友谊的传说和故事

第七章   文学中的友谊   145

    1. 阿喀琉斯和普特洛克勒斯   146

2. 大卫和乔纳森　157

3. 拿俄米和路德　164

4. 狄俄墨得斯和斯特涅罗斯　167

5. 尼索斯和欧律阿罗斯　172

6. 俄瑞斯忒斯和皮拉德斯　177

7. 艾米丝和埃米莱恩　180

8. 同性友谊与同性情爱　184

9. 塞缪尔·泰勒·柯勒律治和威廉·华兹华斯　191

10. 伏尔泰和沙特莱侯爵夫人　193

11. 对于故友的赞美　194

第三部分　我的思考和我经历的友谊

第八章　友谊的核心特质　209

第九章　友谊的考验　218

第十章　"我们只是好朋友"　229

注释　252

参考文献　269

索引　274

导　论

人类所有关系中最崇高和美好的莫过于友谊，这一点应该是有史为证且众所周知的。其实，如果我们在成长过程中能与自己的父母，身为父母时能与成长过程中的孩子，以及正巧与某些人保持着同学和同事关系时能与他们成为朋友，那么这些经历将毫无疑问会成为我们人生的巨大财富，因为在上述的任何一种情境中都存在某种额外的联结，这种联结超越了最初使我们与这些人之间形成特定关系的缘分和宿因。

当然我们与那些没有被列入上述关系类别之中的人们之间所建立的友谊，也就是与某些素昧平生的陌生人之间的交情，就尤为不同，并且遵循着避繁就简的典型友谊模式，因为此类友谊是极其纯粹而且可自由选择的。我们与某些人不期而遇并相互产生了相见恨晚的好感和喜爱，随即享受着彼此之间的亲密交往和真心陪伴，一起欢声笑语，共同分享着各自不同的兴趣和观点，随着交往的深入而渐渐感觉到互相融入了对方世界的纵横巷陌，难以清晰区分你我，双方都非常珍视这水乳交融的部分，因此就发展形成了彼此共同拥有的相互之间的责任感和信任感，以满足彼此对如影随形般的陪伴、如鱼得水般的舒适、如出一口般的信任和如获至宝般的分享等人生乐趣的如饥似渴的需求。我们尽己所能地为维持着和某人的友谊而付出所有且乐此不疲，一旦与这些莫逆之交失去了甘之如饴的挚友之情，必将陷入深深的痛苦与失落之中，其情致就如同与心爱的恋人分手一般悲痛万分。实际上，无论我们以何种方式谈起对朋友或者是身边人群中关系更为亲密的人的喜爱，因失去这些人而起的落寞之痛也将是同样深重而难以愈合的。

每当想起那些童年时的好友，以及出道之初和工作中结交的知心朋友，想起那些相互陪伴的美妙夜晚和携手同游的漫长旅程，想起那些一起学习和分享的新奇事物，想起那些共同分担的重担和相互抚平的伤痛——更有那些会心会意的欢声笑语，我常常意识到只有那些充满亲密友爱的极致时刻才能与友谊之神圣真谛相匹配——即使在我们的内心都对这样美妙的时刻翘首以待，甚至奉为人生理想，但逝去的友情终将成为后继者另一段生活的序幕，并伴随我们度过友人已去的岁月。

在人生不同阶段，不同的人们给予我们所需要的意义不同的友谊之爱，甚至某些特别的朋友一生一世都陪伴在我们左右。这也印证了多数人随着时间和经历的变化而相应发生改变的无情现实，因为友谊关系中的双方当事人同时处于无法改变的变化之中，他们最终毫无意外地难逃四下分散的宿命。在成年人的生活中，这种由于友谊破裂而彼此分离的现象往往由于一方当事人与某对离异配偶中的一方关系紧密、结成联盟，而不得不由于这段婚姻关系的破裂紧随其后发生——

有时甚至因为配偶分道扬镳,之前与其结为盟友的人们自然而然就与双方都失去了联系。

这些都是发生在当代友谊关系中的真实案例,而且这种现象的出现也只不过是揭开了覆盖在事情真相表面的一层轻纱,因为品德心理素质以及情感变化、家庭模式改变、职业生涯发展、性观念转变、作为许多社会控制手段的宗教影响力减弱、影视作品呈现模式的多元性、青春期友谊及人际关系涉及范围的日益宽广性、社会电子媒体的作用等等诸多因素的相互影响,目前社会出现极其复杂多样的友谊现象,而且其情形呈现出越来越混乱的趋势,并且人们似乎只能束手无策地任由这种趋势弥漫开来。

其实在现代人的意识范围中,"朋友"和"友谊"这两个词语的外延已经变得相当广阔,以至于失去了词语创建之初的大部分含义,不免让人在使用和理解之时有顾此失彼、捉襟见肘之感,甚至在我们准备着手探寻友谊与其他人际关系的分界线之前,在我们想要弄清跨越年龄和性别、文化和种族、迥异经历和分歧意见的友谊所带来的不同体验之前,这些发生在现代社会的"朋友"和"友谊"方面的变化就已经是有目共睹的事实。在载入史册、世代相传而闻名遐迩的友谊故事中,感人至深的友谊之情大多是发生在两位男性之间,并且这些传为美谈的友谊故事大部分都不只是纯粹意义上的友情,而多多少少带有同性爱恋的色彩,这同时也引起人们一个很大的疑问——古代以及后续关于友谊主题的大量经典思考是否会从特殊而强烈的角度呈现出友谊的某种特征,尤其对其中的性爱吸引及其实现过程表现出特别的关注?这些带有别样色彩的友谊故事是否会误导我们对友谊典范的整个思考过程,从而产生某种不同于激情和渴望而更加意味深长的直观感受呢?而这些直观感受成为了某种能产生提炼或醇化作用的净化器,使人所必需的生理需要轻而易举地就取代了被某些人认为是属于真正友谊领域的社会和心理兴趣,尽管性本能与其共同构成了另一番景象的基础。这种想法是千真万确、不容置疑的吗?恋人和夫妻关系必须建立在随后发生友谊的那个联结基础之上才能进一步向前发展吗?另一个直觉否定了这个想法。

然而正如爱情一样,友谊也是一种远胜于理性般深思熟虑的情感体验。其实如果友谊几乎完全或大部分出于精打细算的理性考量,我们简直无法想象这种经过理性思考而建立的人际关系能值得被冠以"友谊"之名。当然友谊理念中也涵盖共同利益、相互帮助、合作共赢和鼎力支持的考量因素,但是通常这些因素都是构成友谊的情感承诺形成后所产生的效果和作用,而不仅仅是建立友谊的最初动机。因为实际上当这些考量因素成为某人寻求与另一个人结成友谊的原动力时,人们从直觉上会对这种友谊心存疑虑。每当我们谈起某个可以成为朋友的人时,常常用"有利用价值"来形容他,抑或是谈到他们没有诚意或不值得信任。而且在日常交流中我们也时常会谈起某些华而不实的友谊片段,由于关系中某些友谊最为基本和必要的特质已丧失殆尽,而令其表面关系也明显表现出某种虚伪面貌,但要清楚明了地确认友谊最为基本和必要的这些特质,至少需要对关系的核心组成要素有较为全面的了解。正是由于这些特质的逐步丧失才使生活在其间的我们有机会对其进行更加清晰的了解,并进一步加以深刻而强烈的反思,不由得令人为之欢呼,因为我们对友谊的真相多多少少有了更为切实的觉察。从这种觉察中不难发现这个概念的核心所在,即使其外延已经向外延伸而涉及方方面面,甚至已然深入并涵盖了多样性和特殊性相结合的大部分区域。

世界上根本没有任何事物是绝对艰涩难懂的。友谊最为基本和必要的特质就是其自然天生、不由自主和自由进出的关系特性,形成这种关系特性的前提既存在于某些促成先天嗜好的潜意识线索,也存在于某些当事人热衷于人际关系的特别原因。这些溯及既往的原因毫无疑问地涵盖了共同的兴趣、态度、观点、品位、风格、外貌、行为和相似的幽默感在很大程度上所描绘出的共同形象。但是很多研究人际互动的学者确实也告诉过我们,或许我们对于他人的大部分判断都基于潜意识的影响,而且可能存在某种由影响人们选择朋友的各方面因素所组成的庞大而复杂的网络却从来没有人能意识到——甚至在诸如气味、外貌、音调或者姿态等方面存在着某些尚未觉察到的相似性,或者还涉及人们与生俱来的某些预先设定的喜好或赞赏之物等相当出人意料的事物。正是友谊特性中的这种神秘莫测的诱惑力驱使着一代一代的学者和有识之士不断寻找着某种捷径,来解开为何某些人彼此会成为朋友的疑问,尤其是那种真正意义上的品质优良、关系亲密且时间长久的朋友,借用著名哲学家蒙田(Montaigne)在其名垂青史的"论友谊"(On Friendship)一文中的话语来说,就是:"如果有人强烈要求我说出喜欢他们的理由,我感觉除了回答他们'正因为是他,也正因为是我'之外,再也没有能更清晰地表达我的想法的话语了。"

众所周知,友谊是一种情感体验,而远非某种合乎理性的行为,虽然在哲学意义上人们都如此认为——"哲学"以其最为宽广的理智来理解友谊，将其看作人类与对他们至关重要的事物自身之间进行经过周密考虑的慎重交流——友谊是所有人类关系中最美好且最令人向往的关系，这一观点长期以来已经成为众人讨论的话题。即使传统思想经常引用的许多友谊范例实际上都涉及男性间的情爱关系，也常常让人们想到一个无法遗忘的事实：友谊典范与其他人际关系典范相比显得更为亲密，其中最重要的原因是爱情本身所具有的外观和特质方面的多样性。任何亲密关系必然同时带来当事人之间的相互比较，当奥利弗·戈德史密斯（Oliver Goldsmith）说道："友谊是两个在地位和实力等方面势均力敌的对手之间的公正交易，而爱情则是暴君和奴仆之间令人沮丧的思想和感情的交流。"他的话对于大多数友谊的描述是准确到位的，但对于爱情的演变过程却只说对了一部分，这也提醒人们不用刻意去寻找并确定友谊区别于爱情的严格分界线，但是存在由多样性和独特性构成的边界模糊的印象领域一直以来都被大众广泛认同。

纵观有史以来先贤们关于友谊所进行的高谈阔论的壮丽场景，对在本书中即将要展开的关于友谊的论述可能是大有助益的，本书的主要章节也将仅针对上述更加核心的主题内容从细节上展开更为详尽的讨论。

众所周知，远在古典时期之前就有一些思想者已经注意到并开始沉思人类关系，但是在稍后一段时间才开始形成有关友谊主题的全面而理智的理解，更加完整地说，还包括其他人际关系，尤其是与其紧密相邻的爱情主题。柏拉图的代表作《吕西斯篇》（*Lysis*）就是我们所能借鉴的特别指出友情（philia，即友谊）区别于性爱（eros，即激烈爱情）的著名论述文章，他的另一名著《飨宴篇》（*Symposium*）是随后面世的关于性爱话题的经典著作。但是成为友谊主题的主流观点而屹立于世界文化之林数个世纪且极具参考价值的著作却是亚里士多德的传世之作《尼各马可伦理学》（*The Nicomachean Ethics*）。就这篇巨著的意义而言，可以这样说，迄今为止关于友谊话题所思所言的观点和论述除了沿袭亚里士多德留下的痕迹外，不但没有也不可能再另辟蹊径。

亚里士多德在辩论方面表现出的卓越才能很大一部分源于其将友谊看作繁荣和美好生活的基本组成，也就是亚里士多德在文中提到的客观满意的生活（eudaimon life）。他提出最美好、高尚的友谊只存在于两个同样美好、高尚的个体之间，他们彼此喜爱（philein），因为他——在辩论中使用的是单数（he）——是美好而高尚的。这些美好而高尚的人们之间的友谊预示着相互之间充满善意且品行端正的高尚行为，当然也需要友谊关系当事人善于自我反省并具备自我尊重的能力，同时促使当事人以恰当的方式喜爱优秀而高尚的伙伴。这种喜爱方式中最关键的问题在于将对方当事人当作另一个自我来喜爱，而且一个人必须具有以善良而道德的方式爱自己的能力（而不是以自私、自我和自负的方式），才能适度调整自己，从而以合适的方式喜爱一位与自己志同道合的品行善良而道德高尚的他人，并且这也是亚里士多德美好生活理念的核心思想，其存在于最终导致友谊产生的令人愉悦又互有助益的行为中，同时也意味着真正品行善良而道德高尚的人需要并渴望拥有朋友所给予的美好友谊，从而过上美好的生活。

伊壁鸠鲁派（Epicureanism）和斯多噶派（Stoicism）哲学家或许因为古典主义盛期之后日益不稳定时期的生活中需要面对越来越多的实际需求，因此将心神安宁（ataraxia），即平和宁静、内心安静，作为亚里士多德所描绘的美好生活最终状态的定义。然而伊壁鸠鲁在很大程度上赞成亚里士多德所持的观点，他也像亚里士多德那样，认为如果友谊不能对进一步的结果有所帮助，而只是自身表现出最美好的状态，那也绝非人生的必需品，也就是说如果友谊在本质上是美好的，而实际上也对美好保持某种助益，那么这种友谊本身也就会令人心神安宁。部分斯多噶派哲学家却持完全不同的观点，真正的斯多噶派的生活态度是对包括外在的命运和环境等在内的无法控制的事物表现出漠不关心的状态，他们力求达到的精神状态是某种无欲无求的心境（apatheia），因此一个完全能自我掌控的个体将是能充分实现自我满足的，他也就无须通过朋友和友谊来达到其最终想要达到的无欲无求的心境，同时也无须把他们能够达到无欲无求的心境的可能性押在他人的生活之上，鉴于上述原因，他们也就限制了自己对他人的影响力。

这种明显缺乏生活热情的观点也并非斯多噶派的普遍观点，后斯多噶派哲学家也对朋友产生喜爱之情并依附于友谊的关系，同时将这些看作有价值生活的一部分，更有人将其视为高贵生活的可能途径，也是每个人都心存向往的事物。他们也并不认为自己所努力追求的泰然自若的心理状态必须排斥与友谊和谐并存的可能性，但是其中存在介于人们对事物的正常情感反应和被动机控制的"移情反应"之间的明显分别。如果没有斯多噶派认为合理的认同过程，情感反应绝不会孕育发展并形成实际行动和更深层感觉的结果。但是这却使移情反应能够采取某种形式，通常被表达成友谊甚至是激烈爱情的形式并表现出来成为可能：斯多噶派哲学家认为友谊区别于爱情的最大不同在于其可选择性。认知与存在的符合性（adaequatio intellectus rei et）——人们之所想和事物之本然恰当的匹配性——是生活美好优越的基础，"道法自然"（其中包括人们从身体和情感表现两方面对关于喜爱、群体和爱情等人类直觉的反应）是妥善安适的一部分。

将上述这些观点与近千年的基督教关于友谊的看法完美结合的著名论著是西塞罗（Cicero）的"论友谊"（*Laelius*：*De amicitia*），尤其是它不仅对公元前15世纪的奥古斯丁（Augustine）、公元前12世纪的艾尔雷德（Aelred）和公元前13世纪的托马斯·阿奎那（Thomas Aquinas）的思想形成所产生的直接刺激作用，而且这个作品体现了西塞罗凭借自己独立思考的能力给予这个伟大主题更为独到而别致的全新角度和论述风格，此外其在作品中所表达的观点之重要性并不仅仅限于对后世哲人所产生的深远影响。

西塞罗对于友谊的看法中存在着一个显著特点，其在作品中所要表达的观点都是以某些流传于世的男性之间的风流韵事作为叙述前提并逐步提出的，这些趣闻逸事在之前的辩论中既没有出现过也缺乏对其的充分强调，西塞罗的观点认为其包含着某些非常重要意义的相互尊重和包容元素的观点，即某人将朋友认为是不同的自我，而不是如亚里士多德所认为的另一个自我——对那些倾其一生之力想要如其本然地去体验友谊真实感受的人们来说，具有某种更为博大而深远的意味，而且必须基于身份的相互毁灭终究不应该成为人们所能提供的核心理由这一思想前提。

基督教传统对友谊理念的理解和论述并不是开门见山、直截了当的，传统基督教教义所宣扬的完美之爱的典范被其称为无条件之爱（agape），然而友谊却是利己主义并有个人偏好的人与人之间的爱，一个人以他人为基石来提升自我的情趣，也因为这个目的而给与成为他朋友的人某种特权，这个朋友与他的关系是有条件作为前提的，并且他们之间的友谊所能产生的作用也因此而失去某些价值和意义。基督教教义所宣扬的无条件之爱是人与人之间趋向中性、广泛且无偏无倚的人际关系。奥古斯丁——曾经亲身体验过友谊所带来的深刻意义上的男性——为此所提出的解决之道是：个体友谊是上天赐予人们的珍贵礼物，也是通向最崇高而美好爱情的必由之路，那是来自神的爱恋之情。他认为与另一个人相爱也有助于其和神之间的爱恋，但是尽管如此，这种助益在恋爱的过程中也可以得到进一步的提升，并趋于更加稳定的状态。奥古斯丁的理论在此不是就柏拉图在其著作《飨宴篇》中提及的友情（philia）而是性爱（eros）观点进行了跨越时空的回应，他们同样认为，适当地给予法律约束是有助于人类情感实现超越、卓有成效的途径。

艾尔雷德并不完全赞成奥古斯丁对于友谊的看法，他宁愿与西塞罗为伍，进而相信友谊有其自身的正当性，尽管他和奥古斯丁同样承认只有基督教徒才能彼此成为真正意义上的朋友。他对于友谊主题所提出的解决之道是承认基督教所宣扬的友谊乃人类精神层次的事物，因此真正意义上的朋友彼此都生活在相互的仁爱之心中，共同分享并相互培育着某种人类本质上的美德——诸如有礼有节、谨言慎行、忠贞不二之类——似乎是把友谊关系变成对神虔敬的某些圣人们实践生活的真实范例。

阿奎那认为朋友之爱——关系中的一方完全是简单而纯粹地喜欢另一方，而且反之亦然——是对神之爱的现实模板，处于这种真挚的朋友之爱中的人们或许想让自己更接近神的模样。从这个角度来看阿奎那的观点，其中似乎含蓄地表明了人与神的关系是人与人之间友谊关系最高尚、最完美的形式，当然多少也暗示了某种奇怪的现象：按照阿奎那对友谊的定义，从任何角度来看全然完美且自给自足的人根本没有任何外在的需求，包括对友谊的需求以及他所能提供给那些需要友谊之情滋润的人们的一切，那么就此推论一个达到自给自足的完美状态而且已然无须任何回报作为交往基础的人，如何才能和神交朋友呢？因为（正如柏拉图在《吕西斯篇》中与苏格拉底辩论过的一样）从单方面需要出发的友谊，几乎从来不会成为真正意义上的友谊。

现代有关友谊的观点，沿袭了文艺复兴时期以来将此话题的焦点由关注存在于某个神圣领域的所有事物之价值，转向凭借自身力量寻求其在人类实际生活领域意义之所在的发展过程。紧随其后的古典时期与中世纪时期，人们对友谊所持观点的差异性和一致性也与时俱进，不断地发展进化，先后历经了从薄伽丘（Boccaccio）、蒙田和培根（Bacon），直到康德、爱默生（Emerson）、功利主义者和尼采（Nietzsche）的演变过程，并进一步延续到我们所生活的当代时期的不同辩论，其中涉及观点之间的差异性相当巨大，且随着时间的流逝而日益增加。

康德的观点强调了团体道德观、尊重和情感的平等性与相互性是完美友谊的关键要素，但是对于这些要素的归纳过程带有很强的主观意向性，因为理性行为并非建立在情感基础之上，而且情感是遵从自然法则的，是在不知不觉中偶然发生的一种非理性反应，因此从根本上说，情感因素最大程度上只能对友谊关系的建立有所助益。此外，康德还说道，与朋友交往所带来的快乐中存在于情感方面的兴趣是一直都包含于人们自身快乐中几乎从不伪装的内心渴望，只要朋友由于某种原因表现出不快乐，那么依恋于朋友的情感因素就会让我们自己跟着也不快乐起来，因此当朋友急切地寻找他的快乐时，我们也随之寻找自身的快乐。总之，完美的友谊就维持在这样一群人之间，他们彼此能把对方当成"自身生命的终极目的"，而无须顾及他人对于自身幸福的所有感受，因为每个人的幸福只能属于他们自己。

尼采关于友谊的观点在本质上却是与众不同的——他认为朋友是不断与某人发生对抗从而使其变得更加强大的人，他们提出各种挑战和疑问，不是帮助朋友共同分担需要他们自己承担的那部分压力，而是通过对他们的打击和刺激来给予其帮助——就像把指针带到远离罗盘的地方，从而使其失去参考和依赖。王尔德（Wilde）对朋友的理解和尼采并无太大的不同，他把朋友描绘成"某个等在前头准备随时刺伤你的人"，纵观历史舞台上曾上演的众说纷纭的各种辩论，即使从中仍然能感受到某些经典之处，同时也能明显识到这些精彩的辩论中越来越缺少对古老虔诚言行的崇敬态度——并且其中对于宗教的虔诚敬仰仍然表现较少，而宗教存在的意义是将看起来分别属于神圣和世俗两个领域的事物撕裂开来——这一点尤其体现在某些理解友谊之精神层面善良品质的过程中，立足于世俗生活基础而渴望得到更多实用价值的作者们身上。在人与人的相互关系中，一旦摆脱了对第三方当事人的需求，便能创造出更为广阔的空间，从而给各种各样观点的出现奠定了基础。蒙田基于其与埃蒂安·德拉博埃蒂（Etienne de la Boetie）之间真实的友谊体验所提出的观点，是超越亚里士多德的思想之外，坚持真诚、完美、绝对的友谊就是两个自我融合为一体观点的另一个亚里士多德，因此按照蒙田的观点，人世间甚至根本就不存在任何一种引起争议的友谊，友谊只能处于某种绝对完美一致的状态之中，这种对于友谊的看法要远远胜过诸如"正因为是他，也正因为是我"之类解释所涵盖的任何意义。

功利主义者对于蒙田关于友谊话题的回应难以认同，他们所坚持的快乐最大化或者功利最大量原则，必然与基督教信仰者就朋友有别于非朋友所拥有的彼此之间的偏爱倾向会对友谊产生不利影响的问题产生严重分歧。然而功利主义者关于友谊始终不变的一致观点有存在的可能吗？答案当然是肯定的，从某种意义上说，如果每个人都尽己之能友好地对待其他每一个人，就能最终达成利益的最大化结果。或许还有人会认为，如果我们每个人都能集中精力实现并达成与被我们所选中的某个或更多的他人之间利益最大化的目标，同样也就能更好地实现并达成与所有人之间利益的全面最大化。但是实现利益最大化的这些行为，能从某个方面解释友谊究竟是什么吗？为何朋友间利益最大化目标被人们看得如此重要呢？到底又是什么力量在推动着人们相互结交从而建立友谊，并且以心换心去关怀朋友呢？

某些以主张男女平等为理论基础的哲学观点选择将"关怀"这个

理念，也就是更为亲切且更有情趣的关心，视为人与人之间某种具有决定意义的事物，并且超越了公正理念中所包含的潜在冲突，其中的公正理念常常暗示着在与所有他人相处过程中采取平等中立态度的隐义。友谊体现出的这种人与人之间与众不同的相互关怀关系，是某种带有偏爱、有所选择并完全出于当事人自愿的行为，对于关系当事人而言，友谊的意义和价值是驱使人们明白在"关怀图景"中所体现出的某些友谊特质较之于在公正理念中表现出的不偏不倚的普遍观点，完全处于优势地位而且令后者难以超越，"友谊"通常作为人们表现相互关怀的舞台，而其他人际关系却时常陷入某些常见困境。这显然将某些与众不同的需求强行拖进了"友谊"和其他人际关系中：并非所有的人际关怀，或者说并非大多数的人际关怀是人与人之间的相互关系，而且往往表现出单方面倾向，或者起码在关系中存在某种不平等的现象，通常意义上人们或许会以婚姻模式中的男女关系为例来说明这种相互关怀中存在的不对等倾向，而且亲子关系中也常常被认为类似的现象越来越明显。然而这些单方面或不对等的关怀并非友谊，或者至少形式上不符合友谊的相关要求——或许正是广泛存在于社会中人与人之间的这种不对等性妨碍了人们建立真正意义上的友谊。如果说这个假设有其客观公正性的话，那么友谊就不仅淋漓尽致地体现出在根本上相互兼容的和谐互动之关怀和人人崇尚之公正，而且从更深层的角度理解，实际上还体现了人们为建立关系所做的一切也属于友谊的某种形式。

最近有关女性在友谊方面的独特性几乎成为特别的辩论话题，与之相关的各种讨论也成为社会的关注焦点，然而历史大多数时期以来对女性争辩声音的强行抑制几乎成为社会大众某种不约而同的必然职责,以致今天有人沿着源远流长的历史长河回溯,纵观先贤们就友谊话题所展开热烈辩论的全景图像时,伴随着星星点点的众多事件传入耳畔的声音几乎都毫无例外地完全发自男性的喉咙,这不能不让人为之一惊。

维拉·布里顿（Vera Brittain）在回忆好友温妮弗雷德·霍尔比（Winifred Holtby）的传记作品《友谊的誓约》（*Testtament of Friendship*）中这样写道：

> 从荷马时代开始,男性之间的友谊故事就得到人们数不尽的赞誉和喝彩,然而虽然女性之间的友谊也曾有过路得（Ruth）与拿俄米（Naomi）流传坊间的美好传说,但女性友谊不仅常被埋没,而且最终只落得被嘲弄、贬低和误解的命运。我希望温妮弗雷德的故事能够打破并改变长久以来女性友谊所带给世人晦暗无光的沉重感受和世代所背负的不良名声,并且向读者展示,源源不断流转在女性之间的忠诚和情感因素同样构成了一种永难枯竭的高贵关系,从而真实地从切身角度使一位姑娘对她的爱人、一位妻子对她的丈夫和一位母亲对她的孩子所表达的爱得到进一步的提升。[1]

这段文字现在读来,让人不禁为其字里行间所体现出的谦卑恭敬的语言特色而感到万分惊讶,甚至直到现在,"女性之间的忠诚和情感"依然无法仅凭自身的力量得到社会大众的广泛认可和支持,而是需要依据她们所爱的人、丈夫和孩子所给予的判断与评价结果来相应地得到某些回应,因为她们的爱人、丈夫和孩子似乎被社会赋予了对她们的忠诚和情感的某种合法的优先索取权。

我想造成这一现象的显著原因是,直到目前,对女性甚至还没有独立意义上的定义,人们每每想到女性,可能几乎都与她们扮演的社会和家庭角色联系在一起,如女朋友、妻子、母亲、护士和幼儿园教师等。维拉·布里顿引用了梅·辛克莱(May Sinclair)介绍盖斯凯尔夫人(Mrs Gaskell)所著《夏洛蒂·勃朗特传》(*Life of Chalotte Brontë*)某个版本的文字:

> 如果夏洛蒂·勃朗特从此以后与霍沃斯教堂的所有联系都被制止,那么夏洛蒂·勃朗特的"一生"可能会被书写成充满阳光并且令人兴高采烈的另外一种景象。伟大男性的一生遭遇类似的镇压行为或许尚能容忍,他们与外部世界整个盘根错节的联系对他们自身不会造成太大的影响,除了在某些情况下可能会成为他们的职业生涯中暂时的障碍(或多或少会有些冲击)……

> 然而对于同样伟大的女性来说,情况可能就是另外一种状态,她们或许因此再也无法摆脱与外部世界的所有联系,而且这些联系与她们的生活密不可分,在很多方面决定了她们的工作状态,离开了这些联系可谓前途未卜……一位女性终究无法摆脱家庭对她的影响,哪怕这个所谓的家庭已名存实亡。她们当然也可以选择抛弃这些联系,但结果往往是她们同样被天罗地网般的联系所抛弃,而且织成这关系之网的不可侵犯、无法摧毁的纽带已经将她紧紧缠绕,使她无法挣脱。这关系之网,包含着她曾经触

及或者将要触及的所有联系，已经或将要在她的记忆中深深扎根，并滋生出与天地一般持久的生命力。无论她们曾经有过多少次想要摆脱或者否认的欲望，只要她们还留在原地坚持不懈地抗争，而未曾迈出半步，无疑就永远赋予了这些联系无法更改的不朽声名。设想对于当时从未对任何联系做过摆脱或否认举动的夏洛蒂·勃朗特来说，这种影响必然已经无声无息地产生了作用。[2]

然而通常来说，女性之间的友谊往往被世人作为奇闻逸事流传，而且她们的经历也异常坎坷，究其原因，是由于女性之间的友谊较之同时代男性或许会表现得更加亲密和贴心，相互之间能给予对方更多的信任和支持，并且面对困难时常常更加完整而强大，持续的时间也更为长久。女性之间的陪伴关系是以达成一致并付诸实施的行动为基础的，而不仅仅停留在相互交谈的语言层面，处于友谊关系中的女性常常用彼此的依恋和陪伴来作为对某人的隐私和不便公开的事件保持沉默的掩饰方式，而这种掩饰方式并不针对其他对外公开的事物，诸如彼此的职业、运动爱好、新闻事件和某些外部兴趣等。

上述这段话对友谊从概念方面大略地给出梗概性的描述，正如在本书最后的注释中所提到的，本书的后续篇章将只就已经提及的部分内容中某些更加核心的主题和特例进一步展开深入的探索。而且在此还要郑重申明，此书并非如关于这个主题的常见作品那样以哲学辩论的方式展开，也就是那种以概念分析为动机，东拉西扯的散漫叙述方式，而是以文学作品的写作方式对友谊主题进行更为仔细的层次清晰的审视，将友谊本身看成有生命的物体，而不只是通常意义上的某个概念、某种空想、某个理想或某类理论主题。柏拉图和亚里士多德在完全被索福克勒斯（Sophocles）和埃斯库罗斯（Aeschylus）占领了舆论主导地位的公开交流社会大背景下，就友谊主题展开热烈的辩论不可能只是历史的巧合，在当时的社会背景下，情爱——存在于友情链条之中的某种情感因素——是和友谊来自一个大家庭并具有类似性质的某种人际关系，而不只是完全没有任何干系的其他领域的选择。如果人们把亲属关系中所固有的某种自然而然的联结拿来应用于友谊领域，作为可供其选择的联结，并且如果这些联结的适用范围也相应扩展到圈子之外的人们身上，也就是某种异物（xenoi），那么我们就有兴趣去了解是什么共同特征将他们与我们联系在一起。

从一定意义上说，人们有必要再次浏览传统文学作品和历史传说故事中所展示的友谊范例，从而深入地了解促使作者建立相关理论或学说的常常映入世代人们脑海中的经典友谊范例究竟是什么样子，在后续的某一章中我将尽力就这个问题进行专题讨论，意在将有关友谊理念的历史回顾和当代讨论区别开来，在纵览历史的基础上重点列举并展现当代人如何看待友谊的多样性和复杂性，以及友谊如何逐步成为繁荣美好生活的核心。

请读者切记，本书既不是以友谊历史纵览为核心内容的史书类书籍，也不是关于友谊主题的社会学和心理学专业论著，更不是关于友谊的自助手册和与时俱进的实用指南，而是就大众关心的友谊理念所展开的一场辩论，是一次从哲学意义上（即最广义的角度）对友谊主题的严肃审视和全新探索。

本书第一部分主要从哲学历史发展的维度回顾曾经在历史舞台上

热闹上演的关于友谊主题的激烈讨论,我们的回顾之旅将首先追溯到陆续展现在当代人面前如此众多的关于友谊主题的璀璨思想的经典源头。第二部分集中以附录的方式记载文学著作和历史传说中具有非凡意义的伟大的友谊案例,这些案例常常在各个时期被不同作者重新审视,并在写作有关友谊主题的文章时频繁引用,因此我想广大读者也有必要对这些案例有全面的了解。本书第三部分重点体现了当代有关友谊主题所有讨论的情形,同时作为当代研究友谊主题的学者中的一员,也借写作本书的机会提出了我自己的观点,并分享了自己的人生经验。最后为响应有史以来先贤们对友谊这一引起广泛关注的主题的所有思考和辩论,本书最后就此研究领域所能找寻到的貌似可信的某些终极措施提出了个人主观上的辩解和评价,希望能够在对生命而言意义无比重大的所有领域中占据一席之地,而且是硕果仅存、为数不多的几个无可非议的正当领域之一。

在本书写作过程中,为充分体现友谊观点的历史演变,我查阅并列举了范围广泛的众多原始资料作为写作素材,这些原始资料涉及哲学、历史和文学等诸多范畴,因此难以实现史料之间的条理性和系统规范,只能按需索取、随机、任意地组合。走进万花筒般绚丽夺目的历史宝库,就如同不时陷入涌动着暗流的大海一般,我发觉自己的百般武艺都毫无用武之地,最终只能跟着感觉,随波逐流地游走,恐怕这也是我在写作此书过程中所用方法的真实写照,当然如果还有部分写作方法和技术可言的话。

第一部分

友谊的理念

第一章
《吕西斯篇》和《飨宴篇》：
柏拉图之恋与友情

早在有人想到对友谊进行理性分析很久之前，在世间就流传着与其相关的各种优美动人的传说，甚至更早，在有人想要书写关于友谊主题的哲学著作之前，人与人之间的友谊之情就已经充斥于同甘共苦、和谐共存的世世代代的人们之间。但是当关于友谊主题的严肃讨论第一次庄重地出现在世人面前，而且这场注定会在古典主义时期发生在西方文明发源地古希腊的辩论，就毫不意外地具有划时代意义，也就必然会为此后层出不穷的几乎所有的相关辩论奠定了基础。

作为有史以来首先直接提出友谊概念的首屈一指的哲学文章，柏拉图对话体巨著《吕西斯篇》必然以其不可撼动的历史地位屹立于由层层叠叠相关讨论所构筑的金字塔之巅，而且其每次出现都必然伴随着某种警醒世人之古朴雄浑的钟声隆重登场，尽管这部作品在很多方面处理得多少有些不尽如人意，究其原因，当然不仅因为柏拉图早期大部分作品所共有的某些特点，早期他常常习惯于将文章要讨论的主题保留在开篇之始所表现出的不够明确清晰的状态中,直到文章结束时也没有形成任何最终的定论,而且还因为《吕西斯篇》中所描写的对话具有某种过分强调全面举例论证的典型特征,正如文章中所采取的这种强词夺理的诡辩法,让苏格拉底轻而易举就取得了辩论舌战的胜利,不然和他对话的那些对手们本不应该如此轻易地让其得以侥幸逃脱。

20　　除了上述这些与众不同的对结论有所保留的特点外,在《吕西斯篇》的写作过程中,柏拉图还采用了有利于讨论展开的两大叙述特点,其一是对某些苏格拉底和对话者们一致认可的关于友谊主题不言自明的所谓真理所展开的脱口而出的评论,这从另一个角度也说明了与对话者同时代的希腊人民对于友谊主题所进行的普遍思考和共同认知。另一个特点是关于这些不言自明之真理的看法,当然还包括柏拉图在《吕西斯篇》中提出的关于友谊概念的其他观点,和其另一部在历史上享有更大声誉的讨论爱情概念的对话体名著《飨宴篇》中所传达的理念之间存在的鲜明对照。

　　柏拉图在《吕西斯篇》中所预先假设的有关友谊主题老生常谈似的理论并没有完完全全被亚里士多德所接受,亚里士多德在自己所著的《尼各马可伦理学》中关于友谊主题展开的更为全面、详细的讨论是对《吕西斯篇》中所表达的相关观点做出的部分回应,其中最为特别之处于就是对《吕西斯篇》中有关友谊部分固有本质所表现出的明显带有某种功利主义特性的随意论断进行了严厉的反驳,这种功利主义的特性就体现在朋友在交往过程中互相发掘对方的可利用之处,或者朋友中的某一方开始发现和利用另一方所具有的某种实用价值,这在亚里士多德看来是更加糟糕的情况。

柏拉图在《吕西斯篇》中所谈到的友谊相对于其在《飨宴篇》中所提及的爱情存在着某种令人十分着迷的魅力，究其原因，至少不是因为《吕西斯篇》对于友谊的讨论看起来似乎是从某种意义上的爱情概念开始的，即一位年长的男性对年轻男孩所展现出的那种爱，而且其中很大一部分的论述至少是同时围绕着友谊观念铺展开来的，尽管随着一问一答的对话内容逐步向前推进，其中所包含的友谊成分和范围也随之越来越深入，且越来越广阔。虽然《飨宴篇》是柏拉图稍后出于完全不同的目的成功写成并与世人见面的哲学作品，但其在哲学意义上远比《吕西斯篇》具有更加伟大的成就和更为深远的影响，可谓是柏拉图极具代表性的传世力作。柏拉图在《飨宴篇》中认为，发现和培养对形式美之爱是构成人类美好生活的全部内容，也是支配并超越一切的首要伦理要求，这一点他在《吕西斯篇》中并没有谈及，尽管这种爱一再流逝，但依然暗示着其是美德和非美德都迫切需要得到的某种事物。在《飨宴篇》中谈到的友谊这个概念，即友情，也是《吕西斯篇》所讨论的主题，服从于《飨宴篇》中所论及的情欲的支配，而且这篇被后人精炼浓缩并最终形成"柏拉图之恋"理念的《飨宴篇》是以曼提尼亚（Mantinea）的女祭司多依媞玛（Doitima）向苏格拉底所描述的故事为依据写成的，在文章中苏格拉底也是这样告诉他的同伴的。

《吕西斯篇》表面上看来是如实记录苏格拉底亲自讲述的话语，而后结集而成的，然而有一天，这种娓娓道来的叙述过程被一群从旁经过的男孩打断，当时正从学院走回雅典的苏格拉底受这群孩子之邀加入了他们的谈话。于是他问其中一位名叫希波克拉底（Hippothales）的男孩是否有自己的"最爱"——意思是某个他心心念念爱恋的人，并被希波克拉底告知他的最爱是一位名叫吕西斯（Lysis）的男孩，这位叫吕西斯的男孩的父亲是一位名叫德莫克拉底（Democrates）的富有的贵族公民。我们都来设想一下当时希波克拉底应该是十五六岁的年纪，而吕西斯大约十二岁，这一对伴侣的年纪都比通常意义上被当时社会所默认的处于恋爱关系的案例当事人要年轻得多。这种安排明显在一定意义上是有的放矢的蓄意而为，因为这则对话主要关注且着墨更多的是吕西斯和名叫门内克西纳斯（Menexenus）这对年纪相仿的男孩之间的友谊，他们之间的友谊关系是明确而直接的，其中没有任何涉及情欲的暗示和隐喻，因此相比于希波克拉底对吕西斯所感受到的激情，吕西斯和门内克西纳斯之间的友谊才是我们通常理解的人与人之间无须回报的关系。

文章顺其自然地安排了一段微不足道的枝节故事，苏格拉底告诉希波克拉底他所采用的以吕西斯的名义谱写诗歌并向他咏唱来赞美他以及他的家庭以求得到吕西斯欢心的方式是完全错误的，苏格拉底建议希波克拉底，恰恰相反，他应该提醒并警告吕西斯，说他依然是一位无知愚昧的孩子，相应地要采取的正确方法是贬低打击而不是迎合恭维吕西斯才能得偿所愿，他告诫希波克拉底道，"你应该改变策略，采用这样的方式，希波克拉底，去警告你的爱人，打击贬低他，并让他对你低声下气，而不是像你之前所做的那样，让他感到骄傲自满并不断得到你的娇宠和溺爱。"[1]

这篇文章所展开的关于友谊的讨论中至关重要的核心部分并非其

中所列举的丰富范例,而是对讨论进行描述的结构层次。苏格拉底问吕西斯的朋友门内克西纳斯他们两人中谁的年龄稍长。

"那是我俩之间常常激烈争辩的话题。"他说。

"那么谁更高贵些?这个问题也需要争辩吗?"

"当然需要。"

"你们俩也会为谁更美丽而进行辩论吗?"

两个男孩都笑了。

"我当然不会问你们两人中谁更富有,"我说,"因为你们是朋友,不是吗?"

"当然。"他们回答道。

"朋友是在所有方面都相同的人,因此你们中的任何一位都不可能比另一位更富有,如果你们确实承认这一点,那才是真正意义上的朋友。"

他们都一致同意了我的这个说法。我准备问他们两人谁更公正以及谁更聪明,但就在这时,门内克西纳斯被人叫走了……[2]

公正、智慧和高贵都是社会公认的美德,而美丽——尤指身体的美——和富有则被排除在美德范围之外。苏格拉底在揶揄挖苦这些男孩的同时也在探索这个问题,也就是后来被证实查宓德斯(Charmides)常常跃跃欲试寻找答案的问题,即这个或那个高贵青年是否拥有比身体之美更加伟大的特质,也就是是否拥有高贵的灵魂。[3]而对于我们来说,感觉更为有趣的是苏格拉底在对话过程中脱口而出的犀利言辞:"'我当然不会问你们两人中谁更富有,'我说,'因为你们是朋友，不是吗？……朋友是在所有方面都相同的人，因此你们中的任何一位都不可能比另一位更富有，如果你们确实承认这一点，那才是真正意义上的朋友。'"

文章中另一个想当然的主观臆断出现在苏格拉底在这段对话临近结束之处对吕西斯进行抨击的告诫之语中："打击贬低他，并让他对你低声下气"，当时他对希波克拉底发问道："我们和他人相交相识并成为好友，抑或他人向我们表达喜爱之情，他们会介意我们在某些方面对他们是否有利用价值吗？因此我的孩子，如果你充满智慧和美德，那么所有人都愿意以你为友并以能和你同宗同族为傲，因为你将会变得更加优秀而自然于他人有利。但是如果不能聪明博学而足智多谋，那么就连你的父亲、母亲、同族及其他任何人都不会走近你并成为你的朋友。"[4]

因此，从这段对话中我们能了解到所谓朋友就是在所有方面都相同的一群人，而且他们彼此间互有助益，这也是我们每次读到苏格拉底热情洋溢地对希波克拉底所说出的语重心长的劝告时脑海中时常浮现出的画面，苏格拉底投入毕生精力所追求和找寻的就是志同道合、情真意切的朋友，他认为情比金坚的友谊是远胜世上其他任何事物的人生唯一要物，"我必须告诉你，从孩提时起我的心中就充盈着有朝一日能获得和拥有某种特殊财富的美好憧憬……我极其强烈地向往着能够结交众多的朋友……的确，在你们这群埃及小伙子面前我不得不发誓：和大流士一世帝王（Darius）所拥有的全部黄金相比，我更钟情于能得到一位真正朋友的爱，而且当这两样东西同时摆在我面前时，我会毫不犹豫地选择后者……"[5]他告诉门内克西纳斯自己多么羡慕他和吕西斯之间似乎轻而易举就建立起了完美到他人难以匹敌的友谊,而且意欲询问并测试他们对这段关系的体验分别是怎样的。但是他们之间的对话却由于门内克西纳斯陷入并纠结于对话中涉及的诡辩问题而不得不告一段落,这个多少有些强人所难的问题是当两个人中只有一个人喜爱另一个人时,这两个人彼此能否成为朋友,并且在这种情况下一个人如何确定哪一个人才是他的朋友,因为如果朋友是那位喜爱他人者,由此推断或许会出现人们被他们的敌人所喜爱的情况,那么此时谁又是他的朋友呢?等等,诸如此类哲学悖论。[6]

如果门内克西纳斯拒绝接受世界上确实有某种并非以相互喜爱作为前提的真正友谊存在,那么关于这部分内容的讨论对话就可能被回避,而不致陷入进退两难、无法应付的局面,尽管可能有人不求回报地单方面喜爱他人(对话中谈到的依然是友情而无关情欲)并愿意成为他的朋友,那么这当中一厢情愿的友谊本身在很多方面都相应地会受到限制,而且不管这种喜爱究竟达到了什么程度,他们之间的关系都无法也不配被冠以友谊之名。

说得更确切一些,在这场讨论中,苏格拉底和吕西斯都一致认同的理念是喜爱对喜爱具有某种吸引魔力,但是当邪恶的人们相互喜爱时,却因为他们先天的邪恶本性而完全失去了彼此成为好朋友的可能,友谊似乎注定只能存在于彼此相似且品德优秀的人们之间。然而苏格拉底从这一点似乎开始滑向了世人普遍认同的"友谊只能存在于品德优秀的人们之间"这一理念(相当于同时接受了这群品德优秀的彼此相似的人们在其他任何方面均有相似性这一哲学谬论),不过他随即郑重宣布自己对这一普世观念并不赞成[7]——就像他在真正意义上所不认同的那样,因为在某些方面具有相似性的人们可能在其他方面表现完全不同,他们所共同拥有的优秀品质或许只是他们唯一相似的地方。苏格拉底这么认为的理由是,如果两个人之间存在某种相似性,那么他们从与其相似的人们身上只能获得他从自己身上能获得的东西:"如果有人对其他任何人都没有任何益处,那他又如何能感受到他对另一个人的喜爱之情呢?"由于吕西斯无力反驳,只能勉强同意了苏格拉底关于友谊论断中诡辩式的推理和由此推断而成的实用性观点,苏格拉底因此总结出"在与其相似范围内的所有相似之物并非都是与其相似之物的朋友",[8]因此也明显否定了人们凭直觉常常断定为真实的一切,即同样的兴趣和外貌、相似的幽默感和共同的过往经历是人们结成亲密友谊的有效黏合剂,这凭直觉判断正确无疑的所谓真知灼见往往就是我们谈起某些彼此"相似"的人们时想要表达的意思。

苏格拉底后来又对"在人们具有优秀品德的前提下,品德优秀者或许会成为另一个品德优秀者的朋友"的思想进行了反驳,他进行争辩的理由是因为品德优秀者,即具备完美无瑕品德之人,他们在关系中能够实现自给自足而无须任何其他人来满足其需求,而且因为"无欲无求之人对一切事物都不会产生任何情感……而且对任何人没有喜爱之情者自然也不会成为一位爱人或者朋友",由此断定品德优秀者也不会成为另一个品德优秀者的朋友。[9]这就是早期柏拉图式诡辩的经典案例("品德优秀者是自给自足的,因此他们也就没有任何需求,相应地也就不会对任何事物产生感情",在这种概念之间的转换过程中,存在着明显的掩人耳目的欺骗性)。

因此争辩继续进行,伴随着苏格拉底开始思考相互对立的双方是否极有可能建立起稳定的友谊,以及在多大程度上友谊表现为某种需求(就像因为疾病需要药物治疗而使得"药物成为了健康的朋友"),以及双方情投意合是否是产生友谊的主要原因,尽管他承认情投意合和彼此相似之间没有明显清晰的区别。"如果某人既不是被爱之人,也不是施爱之人,而且既非相似之人,亦非异类之人,同时不是品德优秀之人,也不是情投意合之人,或者根本不是我们所谈起的任何人。因为世上有各种各样千奇百怪的人,我们无法一一记起并全部概括,如果所有这些人都不是朋友,我想就再也无话可说了。"[10]然而就在此时,与苏格拉底对话的男孩们的保镖出现,并把他们全部带回了家,这场没有最终结论的对话和讨论就停留在永远无法完成的状态之中,而且这样的状态似乎毫无意外,注定这次对话是无论如何也不会没有结论的。

虽然苏格拉底和男孩们的对话没有结论,但柏拉图在《吕西斯篇》中显然还是明确了两件事,其一是建立友谊的基本原则,即当事人之间的互惠互利,其二则是在对话开始时的一问一答中门内克西纳斯想让苏格拉底解释清楚的问题,即一个个体对另一个个体、他的家庭和群体有可利用价值决定了他是否会被他和他们确认为朋友。这个问题中似乎毫不起眼的从个人到社会视角的转换,也就是将"朋友"在言辞上模棱两可地视为"群体的朋友"和"吕西斯的朋友",无论从哪个方面对柏拉图想要表达的观点来说都没有产生任何影响,因为柏拉图认为互惠互利奠定了友谊的基石,并且也是其自然特性的组成部分。然而亚里士多德对这个观点提出了极为尖锐的反对意见。

在这段论述中存在的一个奇怪现象是，其并没有说明柏拉图在多大程度上对"情投意合"观点所具有的说服力给予充分的赏识和评价，然而这个观点在现代人对友谊的理解中已经被看作是友谊的基本要素了。柏拉图对情投意合和彼此相似之间是否存在很大区别所产生的疑惑是完全正确的，尽管他似乎应该对另一个问题更加疑惑，那就是如果两个个体极其相似，他们彼此从对方身上就难以找到可利用之处。与此相反的是，个体之间调整、强化相互间姿态和基于共同的信仰、行动和品位的舒适安逸感受，往往会成为友谊建立过程中意义更为深远的理由，并且毫无疑问已明显成为吕西斯和门内克西纳斯之间以及其他任何人之间形成相互联结的良好开端。

实际上，如果朋友之间，如果是真正意义上的朋友，会共同分享他们的财富，这个假设成立的话，同时说明分享除财富之外的其他事物，如信心、机遇、兴趣和品位，同样也是建立友谊的一条基本原则。

有资料显示，如果一个人喜爱另一个人，哪怕再错综复杂的理由他们也能列举出许许多多，然而人们无论如何都能够且必然会彼此喜爱是一个再简单不过的事实，人们彼此喜爱就足够成为一段友谊开始的理由，尽管这种喜爱未必能够维持太长时间或至死不渝。因此当苏格拉底最后把他想要说的一切和盘托出时，他的话语中应该带有某种暗示："哦，亲爱的吕西斯和门内克西纳斯，你们这两个男孩真是太可笑了。我，作为一位比你们年长许多的老人，既然敢于和你们并肩而行，应该就是把我自己设想成你们的朋友，然而我们一路并肩而行，却仍然没有弄清朋友究竟是什么！"[11]

对话至此已足以说明吕西斯、门内克西纳斯和苏格拉底在一起不会被旁观者认为是互相喜爱之人，因为他们之间所共享的情感是友情而无关情欲。吕西斯对友情奥义的探索直至《飨宴篇》关于爱情主题所展开的讨论结束才开始有了相当大的改变。苏格拉底在《吕西斯篇》的对话中曾经一度心存一线希望，试图通过自己的解释让他的年轻对手们同意他所认为的友谊来自于对他人渴望的观点，他所说的这种渴望是由于渴望者自身在某些方面存在缺失，而且对渴望者而言其所缺失并视若珍宝的就是朋友身上与他情投意合的某些特质。[12]这个结果似乎只是对争论最初开始时所公认的某些理念进行词形变换而已，也就是说，构成友谊的关键因素其实就是渴望、缺失以及与这些生命状态中所隐含的情感最为接近的某些对象，也暗示着某些超越自然的更加高深的事物在身体和精神意义上与人们情投意合的反应。我们通过《飨宴篇》中对苏格拉底意欲表达的思想有了相对全面的了解，从中我们也认识到，人们更为迫切的情欲感受是对某种能够通过一切真实的情景和案例切身体会到内心的渴望究竟是什么，而且这些情景和案例对于人们的意义是远远超越其体现的所有一切的，说到底，人们的情欲渴望就是对爱人美丽身体的向往，而身体之美本身无疑是亘古宇宙之中永恒不变的形式之美。

《飨宴篇》是一部广受世人好评且具有伟大历史意义的艺术作品，它就像一扇开在穿越漫长历史的时光隧道这一端的无形窗户，世世代代的人们透过这扇窗能一窥被誉为现代思想源头的古雅典盛况，那灿若繁星的思想火源闪烁着悠远深邃的光芒。虽然《飨宴篇》只是当时闪烁着灵动思想光芒的众多作品之一，但是在其庄重沉稳与神秘超脱相结合的叙述风格中，同时还渗透着一种让人感到亲切温暖的愉悦体验。《飨宴篇》描写了有一次苏格拉底受邀和其他众多声名远扬的杰出人物作为嘉宾，一起参加由著名剧作家阿迦同（Agathon）主办的酒会晚宴的情景，这次的酒会晚宴因为后来喝得酩酊大醉的亚西比德（Alcibiades）的到来不欢而散，这位享有崇高声誉但争议不断的演说家和将军对苏格拉底喜爱有加，并且声称他已经以自己的德行操守为由向苏格拉底有过几次不成功的追求。《飨宴篇》临近结尾处描写了亚西比德不请自来，擅自闯入阿迦同的酒会后上演了引人发笑的一幕，他缓慢地爬向苏格拉底所卧躺憩息的床榻，却只落得被苏格拉底断然拒绝的下场。

《飨宴篇》开篇时，菲德洛斯（Phaedrus）和阿迦同所发表的开幕演说由于在文字方面的突出特点而获得了广泛称赞，但演说中对于爱的特性问题却没有太多涉及，因此对于这一主题的阐释贡献亦不大。菲德洛斯通过优美练达的文字暗示了情爱中所包含的高贵面向，那种让爱人们心甘情愿为其所爱之人放弃生命也不觉惋惜的难以抑制的情感，他在演说中援引了当时广为流传的阿喀琉斯（Achilles）和普特洛克勒斯（Patroclus）的故事，我们通过保萨尼亚斯（Pausanias）的描写了解到当时的雅典社会对于诸如阿喀琉斯和普特洛克勒斯之间这种关系的双重评价标准，民众一方面能够接受男人爱上男孩的状况，但是却又要求男孩们必须千方百计避开男人们的注意。保萨尼亚斯当场对这一社会现状进行了谴责，他认为如果男人们对待男孩们的态度是值得尊敬的，并且如果他们与男孩们结交的目的确实如他们所说的那样，是为他们所爱之人提供在深思慎行和博学开智方面的言传身教的话,那么他们之间的关系就应该得到社会和民众的支持,因为他们之间的关系在形式上比任何以肉欲满足为关注焦点的"通俗"意义上的爱更为崇高。这个故事也暗示了当天出席晚宴的两个人,厄律克西马库(Eryximachus)和菲德洛斯,他们就是以这样的方式开始了他们之间为时甚久的关系。

厄律克西马库和阿里斯多芬尼斯(Aristophanes)以形成鲜明对照的方式重新演绎了关于爱情众所周知的理念,就是爱情产生于相互对立或者不甚完整的两个个体之间。为回应阿迦同诗意地将爱形容成童真稚嫩的少年神灵,苏格拉底对将爱情看作神圣不可侵犯的观点进行了激烈反驳,因为爱情牵涉到对他人的渴望,而渴望却意味着某种缺失,因此足够富有、别无所求和聪明博学、充满智慧的人无法感受到爱情的产生,而只有在寻求财富和智慧过程中的人才会有这种特别的感受。因此,当一个人意识到自己的无知而努力地追求智慧时,他就和无所不知的神以及尚未意识到自己无知的蠢汉有所不同。

于是苏格拉底声称,他要复述女祭司多依媞玛向他述说的故事:某个个体所表现出的美,例如一具年轻美丽的躯体所展现的美,通常是美存在于肉体之上的实例,这种美使人变得迷人悦目。人们对这一问题的意识将进一步引导人们联想到精神之美,进而想到高尚品德和博学多识,并且逐层向上,最后达到美的问题本身,也就是那种永恒不朽、完美无瑕和始终不变的形式之美。

如果最伟大的物质所具有的美丽和幸福特性与真理之间不是必然相关并被事实证明是可以相互分离的,那么爱情——主要表现为性

29 欲——就是对所有优秀之物的渴望。大家所熟悉的性欲就是那种由肉体产生的激情,从根本上说只不过是人们所表现出的第一次对渴望的模仿,因为渴望是人类某种与生俱来的属性,具有旨在不断提升并最终达到最高形式目标的潜在特性,也就是某种超越自然形式的目标,这同时也体现出人们天生就有向往成为优秀者的意愿和倾向,苏格拉底关于爱情的这个观点仿佛就像投掷硬币时正好显示出正面,代表着渴望是对自身不足和缺失的意识,同时也是对阿迦同所持观点的猛刺一剑所作出的突然袭击似的回应,但是苏格拉底的观点中隐含着自我认知是寻找并达到终极优秀前提的某种具有积极意义的暗示,当然还包括对自我不足的认知并采取相应补救措施的决心。多依媞玛在向苏格拉底的讲述中所表达的观点认为,对终极优秀目标的渴望正如性欲带有生殖繁衍目的一样,也含有更高意义上的生产繁殖目标,那就是导致形成、滋养培育和宣扬传播智慧之光。

其实,人们对于友谊的理解既不同于《飨宴篇》中所列举的爱情范例那般平淡无奇,也不同于其以最为高深莫测的方式所表达的版本那般超凡脱俗。如果从把情欲设想成通向实现最高形式的道德和理智之强烈愿望的阶梯的角度进行审视,那么友谊看起来似乎显得平淡乏味而且无关紧要得多。众所周知,友谊当然是完全不同的另一回事,甚至可能和任何一种被还原到最初面貌的更多事物都没有关系。[13]

最后,《飨宴篇》以理想主义视角突出表现了爱情所具有的某种傲视群雄的崇高伟大的思想特性,但是尽管如此,这种看待爱情的角度还是给人某种不切实际的感受。当然在这种理想主义爱情观念的驱使下,人们都想要与每个具有强烈吸引力和让人产生愉悦之情的事物相遇，而且如果我们还善于沉思默想，那么看待那些对我们产生吸引力的角度将会超越性地从耽于肉体的满足向纯粹缜密思考的方向转变，因此必然会有超越常规的不同感受。"柏拉图之恋"指的就是那种如空气一般平淡无奇、没有肉体的吸引并且和性欲毫无关系的爱情。通常陷入爱河的恋人们彼此感受到对紧紧拥抱、甜蜜亲吻、温柔抚摸和疯狂做爱的渴望是极其普遍和健康的，并且在这些亲密举动的过程中双方都获得了来自肉体上的极度愉悦和满足，同时在心理上也体验到了非同寻常的亲密感受，此时人们已完全摆脱了那种表现为苛求而挑剔之抽象状态的理念，处在某种排外专一的理性思维中，除了以不可胜言的缠绵悱恻之甜言蜜语，无法以其他任何方式来表达各自深藏于心的爱慕之情。这些理念和友谊及爱情的现实情状是无法联系在一起的，而且从中也找不到能够解释两者之间所存在联系的东西。因为其已不仅是两个活生生的人之间的关系问题，而是涉及两个思想和这些思想所思考的抽象概念之间的关系问题。

因此，当后人回忆并怀想有史以来关于友谊观念真正意义上的经典名言时，首先映入他们脑海的不是柏拉图，而是他伟大的学生和传承者——亚里士多德。

第二章
亚里士多德的经典名言：
朋友是"另一个自我"

"友情"这个词在柏拉图所著的《吕西斯篇》中被用来表达友谊关系中双方当事人之间的情操，但是它——像本书导论所阐释的那样——也包含了更多更深层次的意思，其中就包括家庭成员之间的关系纽带，甚至社会政治层面的关系中也时常体现出友情因素。柏拉图在其作品《吕西斯篇》中使用这个词的目的看来似乎是为了就友谊主题展开充分的哲学辩论，然而在《尼各马可伦理学》文集第八、九卷中，亚里士多德使用"友情"这个词——和人们对造成相互吸引而建立友谊关系的某些共同认可的品质，如"讨人喜欢的"方面或者可爱之处（phileta）一起——来表达友谊关系中双方当事人的情操，而在此之前，亚里士多德在写作中往往以遵从其传统含义的方式应用这个词，并且所涉及的范围不仅针对家庭成员，而且包括对某个集体来说来自外部的旅者和过客，甚至还含有友情也存在于飞禽走兽之间的意味。[1] 所有城邦以同样的意愿和目标紧密团结并联系在一起形成的集合体"看起来似乎是彼此相似的,而且都走在迈向友谊的康庄大道上",他说这也就是为何所有的政治活动想要达成这个目的的原因所在。[2]

亚里士多德在此所说的绝不是无关紧要的空话,《尼各马可伦理学》首次将政治(politics)作为友谊存在的充分理由。"社会依赖于友谊,"亚里士多德在书中说道,"毕竟没有任何人会和他们的敌人携手旅行。"[3] 他说,"友情是社会的推动机。"[4] 而且其对于社会具有比公正理念更为重要且深远的意义,因为友情能促进城市的和谐发展。[5]

亚里士多德把友谊描绘成人类众多"美德"的一种,是引领人们过上优越而有价值生活的基本要素,他说即使是那些——其实或许正是那些——拥有傲人财富和强大权力的人尤其需要结交朋友,不然他们如何能展示自己得天独厚的善行,或者保护他们非比寻常的财富和地位,或许这些才真正体现出了地位越高、人品越伟大的人才越有危险性的问题。此外"那些处于贫穷窘况以及所有其他身陷不幸之中的人们把朋友当成是能够获得救援的唯一庇护所"[6],而且朋友之间理应互相帮助,朋友能在学习上给予年轻人言传身教的帮助,能在生活上给予老年人无微不至的照顾,并且能给予正处在人生黄金阶段的壮年人锲而不舍的鼓励,以使他们各方面表现得更加雅致精细、趋于完美。

迄今为止,关于友谊主题的这些言论都意味着其对人类世界方方面面所存在的广泛益处,然而对友谊各方面存在不足的意识相应也需要不断得到补充和完善。尽管所有言论所涉及的共同点都是真实存在的,但对于友谊究竟为何物的真相描述尚未一窥通透,而只能是九牛一毛般极为片面的观察。构成友谊特质的一切因素都是为服务于这些目的而存在的，然而所有这些目的难道都是为最终达成友谊而设定的吗？其中最崇高、最美好且最与众不同的方面究竟是什么呢？亚里士多德在其文章中所提及的"争论"应运而生，并努力回答这些问题，正如某人曾说过，友谊就是一种表现为喜爱和喜爱相互吸引现象的事情，尽管也有人争辩说，友谊产生于两个对立面之间的彼此吸引——这两个耳熟能详的关于友谊主题的传统观点也形成了相互竞争的态势，亚里士多德对此独创且简明扼要的定义——"当某个个体感受到被爱时就成为了其他个体的朋友，并为自己所得到的爱作出回报之举，这一点同时得到同处疑问中的两个个体认可"——自身还保持着一种悬而未决的开放状态。[7]亚里士多德说，人们为了澄清这个问题，反而开始提出"被爱又是什么感受？"以及究竟什么才是"讨人喜欢的"或可爱之处？

其实亚里士多德在书中所说的可爱之处有三种，分别是实用之处、合意之处和卓越之处。这些可爱之处相应地代表了三种朋友：那些因彼此可获得实际收益而相互结交的朋友，那些因彼此可获得愉悦感受而相互结交的朋友，以及那些因彼此所具备的相似美德并且如同喜爱"另一个自我"一般相互结交的朋友。[8]亚里士多德认为，只有最后一种朋友之间才建立了人类最真挚且最高尚的友谊。

以实用性和愉悦性为目的而建立的友谊是得来较为轻易的，而且随着因友谊的建立而带来的相互收益和愉悦感受逐渐消失，这种友谊无疑也随即宣告终结，因为利益和愉悦从本质上来说都是很容易得到的。[9]这种现象在年轻人基于满足愉悦需求的友谊范例中很容易看到，他们在行为处事过程中都以情感为首要考虑因素，并努力寻求和达到伸手可取的即时满足，亚里士多德还认为所有的愉悦需求中都有明显的性欲倾向，这种倾向同时也增加了这种友谊快合易散的特征，尤其是那些建立在年轻人之间的友谊。[10]

品德高尚的人们之间的友谊，也就是那些无须任何先决条件而优秀到极致的人，即那些能自我约束和完善而卓越不凡之人，是维持时间长久且完美无缺的，在他们的友谊之中也有实用性和愉悦性的需求，但却不是其本质意义上的主要因素，而存在于同样拥有美德的人们之间的友谊的根本特性其实是关系当事人双方彼此都期待对方能拥有美好的事物，一则因为这些美好的事物在他们自己看来也是某种善行，二则因为其中任意一方当事人同样被另一方当事人视为美好事物之一。他们之间的友谊"因为拥有美好的品质而常青，追求卓越的美德则是永恒不朽的"。[11]渴望他人能拥有一切美好之物是健康理智的完美思想（eunoia），也就是所谓的"善意"（goodwill，英语中的词语"仁慈"就是从其拉丁语词根演变而来的）。

从亚里士多德自身观点的角度来看，友谊的先天特性中暗示着能获得上述第三种友谊体验的人为数不多的问题是必然存在的，因为人群中极其缺乏自身具备满足建立这种友谊所需程度的美德，并且能够正常理智地将这种美德传扬并播撒开去的人。[12]其实亚里士多德似乎曾一度认为他的言论所描绘的关于友谊的画面是如此的理想化，几乎达到了严苛的地步，这种画面在现实生活中可能根本无法存在。"朋友！这世界根本就没有朋友！"他曾经不无绝望地这样说道。如果认为只要双方怀有善意就足以产生友谊，但不是友谊的充分必要条件，那么一切问题就迎刃而解了，但是善意本身并非友谊，因为人们对那些不是朋友的人同样会心怀善意，不过相互间的善意是建立友谊的良好开端，和当事人双方拥有相同的精神世界这一要素同样是和友谊相伴相生的。[13]

亚里士多德曾经发表过一个著名的言论："（一个人）对待他的朋友应该就如同对待他自己一样，因为他的朋友就是另一个自我。"[14]从这句话中我们可以了解到，从一个人对自己的关注状态中能够解读出友谊所具有的根本属性。一个拥有高度自我尊重感受的人——

> 期待着一切自己心目中所向往的美好事物和一切展现在面前的当下的美好事物，并且当即付诸行动（为获得一切美好事物而努力劳作是所有优秀人的明显标志），追求着自己心中的美好目标（因为人们为自己头脑中的目标而采取相应的行动也是我们每个人都想尝试做的）。他同时还希望自己的生活能够长期保持在安稳闲逸的状态中，与几乎所有他理解和想象中的美好事物长久相伴，因为真实的存在对于优秀的人来说就是某种美好的事物，而我们每个人都希望自己能够与美好的事物相伴终生。[15]

亚里士多德认为，友谊的这些典型特点来源于某些和人们日常生活密切相关的习惯方式，甚至是这些习以为常的思考和行为方式的衍生物，这些生活方式主要表现在以下方面：人们对自身感觉美好的一切事物都心存期待，希望生活能够平稳安逸且恬静舒适，能够有更多的空闲时间，耽溺于对美好过往的愉快回忆，沉浸在对幸福未来的美丽憧憬之中，能够接触到更多、更特别的际遇以便自我反思，并且全然地体验"和自己一起分享所有忧伤和欢乐"的美妙感受。[16]在优秀的人看来，朋友即另一个自我，因此他们同时也希望所有的朋友都能拥有他认为美好的一切事物。

亚里士多德之"另一个自我"的友谊宣言公之于众后，紧接着便引起大众看待友谊方式的广泛讨论，但对蒙田而言，其对友谊方式论述中的大部分内容实际上自始至终似乎都把关注重点集中于这段言论中所提出的"另一个自我"概念，且远胜于对亚里士多德所发表的描述冗长而复杂的言论本身的关注，亚里士多德的言论主要是围绕着友谊的类别以及为何美德对等的友谊才最完美而展开讨论的。这段言论从风格上差不多属于附记说明的行文性质，并且讨论所展开的语境也尽可能多地涉及对人们适当自爱品行的赞赏以及对何为"朋友"的定义。在笔者看来，亚里士多德之后，历史上出现的所有关于友谊主题的讨论都过分强调了"另一个自我"言论片断，以及其已经对人类全面了解友谊本质所产生的极端扭曲而片面的影响，因为接受自我和朋友之不同点必然是想成为一位优秀的朋友应该自觉承担的义务一部分的事实，已经是说明这个问题的充分理由——包括在交往过程中给予朋友独自享受与自己有所不同的某些兴趣和品位的自由空间，并认同其对某些事物存在和自己不一致的观点和看法。

自爱的观点是意义重大且意味深长的，因为如果说友谊的最崇高形式明显表现为两个具有卓越品质个体之间的相互关系，那么要达成卓越品质所需的自我教育和自我控制就需要有自我尊重，而且自我教育和自我控制同时也必然会导致自我尊重。当友谊双方当事人都有坦诚面对自己的态度，并且将他人看作是和自己一样拥有独立思考权力的人，那么双方的关系就自然如其本然般完美圆满。

因此，这个观点除了表达方式不同外，没有什么特别之处，也就是说真正的朋友之间会感觉到自己的所作所为完全是出于朋友自身的愿望。她之所以不喜欢或者不爱朋友，是因为她从相互的关系中所获得的一切感受，抑或是因为那段关系暂时带来的愉悦体验，而这样的友谊都注定是不长久、不完整或者不完美的。互利的原则是友谊的另一个显著特点，真正的朋友之间彼此以相同的方式思考并感受对方的反应，其实他们的关系可能就建立在某些基于美德的事物之上——友谊关系之中的当事人都是具有高尚品德的人，同时他们都彼此认同和喜爱着对方当事人不加掩饰而真实展现出的面貌，从这一点来看，也进一步说明最美好纯真的友谊是基于人们品德和特质之上的，而且这是最为高尚的品德和最为真诚的特质，在亚里士多德看来，这当然也就是造成真正意义上的友谊在世间成为极其罕见之珍宝的原因。

正如在之前的文字中所提到的，亚里士多德对仅仅意指那些以双方当事人出于他人内在目的而感觉到彼此之间善意的关系作为基础而利用"友谊"的做法，并未表现出强烈的谴责，因为他实际上也充分认识到，友谊在某种程度上也表现为一种基于实用性和愉悦性的关系形式，就像友谊表面所体现出的亲密关系以及与某些外来者之友好的互动现象。但是这样的关系形式并非"完美且圆满"的——那只是友谊关系双方当事人在某个点上的交集现象，如果没有这种交集，那么处于友谊关系中的双方都很可能难以忍受这种状态，而且所能产生的内部价值以及对双方的助益会越来越低。

记得亚里士多德曾说过，友谊是人类美好生活的基本要素，也是产生所谓因理性而积极生活所带来的幸福（eudaimonia）的主要表现形式之快乐的重要原因，因此人们就是否只有最崇高美好的友谊形式才能成为这些基本要素和重要原因，还是说某些表现并不完美圆满的友谊形式也能发挥同样的作用的问题，自然产生了质疑，而且亚里士多德在文章中，就人们如何为了练习自身的慈悲善行而需要朋友以及在需要那种友谊的情况下如何确保获得帮助的问题展开了坦诚而开放的讨论，在这个公开讨论中，明显能感觉到最崇高美好形式的友谊是否并非必不可少抑或非其莫属的问题迫切需要得到澄清。

亚里士多德一贯擅长的典型实用主义倾向在这个问题上发挥了应有的作用。他在更早期的作品《尼各马可伦理学》里宣称，人们为社会所做的贡献和其为自身所做的任何事情一样，有非常重要的意义，他曾经一度认为，人们尽己所能最大限度地为大众造福远比只是让某个他人获得幸福意义更大。[17]虽然这个思想本身并非完全自相矛盾，但它就如何看待在展开这个主题的讨论之初提出的友谊是"生活必需品"的理念设置了一个新的审视角度。因为对何为美好的质疑之意义是高于一切的，而且那些必然看起来会导致所谓因理性而积极生活所带来的幸福的所有事物和其他任何对其有助益的事物都存在同等意义上的价值。亚里士多德在这部论述伦理主题的巨著开篇中，用响彻云霄的声音发出了振聋发聩的断言：所有事物都有意欲达成优秀完美的目标，这也是其内在渴望的一切以及所有其他有积极意义的事物存在的目的所在。[18]如果说友谊是构成完整美好生活所需且必不可少的，并且完整美好的人生是人类所追求的终极目标，那么友谊——某种个人意义上私密的事物——至少是和人们作为社会公民角色所作出的贡献有着同样伟大且深远意义的,并且似乎是对关于友谊是为促进和提升全体人民的利益,而不只是对让某个他人获得快乐并变得"更完美出色和更神圣庄严"这个宣言真正意义上的反抗。

上述这个观点可能存在各种不同的表达方式。通过所谓因理性而积极生活所带来的幸福的理念,亚里士多德特指人们要采取某种真切实在的行动,而不只是保持某种状态和品质。在《尼各马可伦理学》文集第一册中,他将这些行动定义为"因美德驱动而产生的头脑活动",切记这里所说的"美德"意味着某种"卓越"。[19]这些引起质疑的活动表现在人们通过什么来表达和实践最崇高美好也最与众不同的人类特性,这同时也是人们达到明智理性的潜在能力。明智理性让人们能够清晰地了解在某个特定环境中勇敢、温和、慷慨、谦虚或者(从普遍意义上说)正确的事情究竟意味着什么,并且能分辨那些介于明显形成对立状态的美德和极端罪恶之间的中间地带,如勇敢的两翼是鲁莽和怯弱,而慷慨的两极即吝啬和挥霍。带着某种实用目的对智慧进行发展和应用,也就是实践的智慧(phronesis),能把人们引导至不偏不倚的中庸之路,从而内心充满所有美德,最终过上幸福完美的生活。

尽管亚里士多德所擅长的实用主义理念得到大众共识并在此得到了全面的展示,但这个观点的推出并不代表他的举例论证到此就画上了句号。他在《尼各马可伦理学》的前几页中就识别并确认生活存在三种不同的形式,分别是注重愉悦体验的生活、从群体的利益出发而行为道德的生活(特指政治生活)以及善于专心致力于对事物的终极特性进行沉思的哲学意义上的生活。[20]亚里士多德认为,人类以其所拥有的最崇高且最独特的事物,也就是他们所具有的明智理性为基础,一个人看来很容易就能从他自身角度推测并判断出这些生活形式中哪一种是最好的,因此这个观点也是最完整意义上的实现论理念。并且尽管人们或许能够通过拥有相互间可以就某些至高至深及终极问题讨论交流的朋友来对其生活品质加以提升,但其中同时也暗示着哲学意义上的沉思是一种孤独且超然的行为。

人们发现,好高骛远反而难以成功的现象或许是对亚里士多德观点毫不含糊的直接运用。他所认为的没有朋友的生活至少是枯竭无力、缺乏创造性的言论被证实是正确无疑的,因此他也开始提醒人们,如果没有朋友就无从练习自己的慈悲善行,在必要时也无法找到帮手并得到必要的支持,无法建立维持群体关系的纽带,而且青年们没有导师,老人们无人照顾,青壮年也无从寻找激励其拥有美德的鞭策者。除此之外,还有更多需要关注的事情:如果陌生人之间能够像亲人一般感受到彼此友好的情感交流,那么友谊必将成为生活普遍而绝对(simpliciter)因素的断言就有了其更为强劲有力的事实基础,而不只是为其他事物"所必需"——作为内在本质的价值存在,而且也不只有利用价值。这就是亚里士多德关于友谊最崇高美好形式的理论想要阐明的特别之处。

尽管这个观点与存在某些基于相互愉悦和利益的"更低"形式友谊的观念相互协调、和谐共存,然而实际上,某个朋友对其他朋友而言(当然是相互之间的)是"其本身与生俱来的好处"和喜爱那位朋友会"对自己有好处"两种事实能否相互协调、和谐共存的问题因此而产生。后一种情况有利于引导某人自身达成优秀的目的,然而这与

39

某人在对自己没有任何实用价值的前提下简单地将他人看作其本身与生俱来就有好处的人这种概念并不是一回事。这会成为一个问题吗？可能其中包含某种最为牵强附会的纯粹主义思想，认为最崇高美好形式友谊的界定特征必须与被当事人认为纯属个人的那些幸福毫不相干，尤其可能还需要我们将友谊看作某种独立存在的抽象概念。但是友谊作为美好生活的重要组成部分，其明显对那些自身也是朋友的朋友来说是有好处的，不仅仅是其自身会成为他的朋友不受自私动机影响的爱的对象，而且对其自身来说，对朋友的喜爱同样也是不受自私动机所影响的。如果说人与人之间的关系是相互的，那么每个当事人在关系过程中就既是施予者，同时也是接受者，所以将他人看作是其本身与生俱来就有好处的人与某人出于他人像自己一样优秀的目的而表达喜爱之情，两者之间可能并不存在任何相互矛盾的不一致性。

在亚里士多德的所谓因理性而积极生活所带来的幸福概念中事先就预留了一定的空间，以便人们能够把与他人结交成为朋友不仅看作是最崇高善行的引导者，而且其自身就是最崇高善行的重要组成部分，这也是"成为必需之物"之真意所在。但是即便如此，亚里士多德的观点还给人一种与众不同的感觉，似乎就是那种可以用来作为反对哲学沉思是人类唯一最崇高善行观念的理论基础。如果所谓因理性而积极生活所带来的幸福是某种行为，并且这种行为所表现出的最崇高品质是对至善所进行的孤独沉思的组成部分，友谊或许就不能成为其本质，然而友谊已被证实为崇高美好生活的本质。亚里士多德当然不能二者兼得。其"对至善的孤独沉思"理念是耽于对柏拉图不切实际的相应理想主义观点的回忆和联想，这同亚里士多德更为实用主义的一贯倾向常常不一致，因此我们在此也能清楚看到柏拉图对这位得意门生所留下的极有影响力的残留物所造成的理念之间的不一致性。

但是在我看来，友谊作为所谓因理性而积极生活所带来的幸福的基本特质所体现的积极意义，要远远胜过亚里士多德将至善附加为某种对抽象事物孤独沉思的观念。而且如果我们想要接受亚里士多德自己所提出的促进全体公民和谐共处是比实现个人友谊"更完美出色和更神圣庄严"的事情之观点，同时也就可以认同这种更具现实性和社会性的行为，而且也进一步把人们从遥远的隐士般的沉思中摆脱出来，当然我们同时也能感受到其观点的两个方面之间存在着令人难以忍受的紧张和不安。

亚里士多德思想的直接继承者在辩论中毫无疑问更愿意接受个人意义上相互连接的重要性，而并非为了某种纯属假想的更高层的如空气一般缥缈的目的，因为生活的现实性和实用性终究使友谊成为某种具有实际意义的事物，常与其相伴的是欢声笑语、琳琅美食和美酒佳酿，以及在需要时双方能彼此携手，共赴未来，就像身边平凡朴实的伙伴们那样生活。只有后来的某些有基督教信仰的思想者重新提起亚里士多德观点中更加偏向如空气般静谧深远方面的内容，因为他们喜欢亚里士多德所描绘的那种超越自然的美妙心境，于是重新把这些观点变成了重要的事情。

在亚里士多德去世后，对其有关论述进行编著的人们几乎都把关注焦点集中于其对"朋友"意味着什么所阐释的最典型观点，也就是"另一个自我"的理念，并发现这些理念本身与友谊本质存在相当高的一致性。正如前面已经谈到的，在我看来这个观念不尽如人意，而且亚里士多德自己也并不像他的后继者们所推崇的那样表现出与"另一个自我"观念之间密不可分的关系。我想将友谊看作构成人与人之间共同期待的美好生活所憧憬的人际关系的重要组成部分，由此进一步推动美好生活的实现，为朋友以及某人自身生活的美好作出贡献，必然是我们的生活不得不需要友谊的部分原因，尽管其似乎一度被先贤们明确地表述过，并曾经得到过明显而充分的洞察，然而其在生命中的核心地位永远无法只被看作是某种暗示。

第三章
西塞罗的"论友谊":人之间的善意

我想之所以伊拉兹马斯(Erasmus)和休谟(Hume)以及其他很多先哲都对西塞罗的作品倍加推崇——除了他别具一格的优美文笔外,或许还有很多其他的原因。西塞罗的著作在讨论内容和写作风格上具有无法估量的双重价值,而且有史以来已经得到世人广泛认可,虽然他一生所著的大部分哲学论著确实如某些批评者所说的那样显得肤浅,仿佛是某种敷衍而成的作品,但他的随笔散文如"论老年"(Cato Maior De Senectute)和"论友谊"(Laelius:De Amicitia),尤其是后者,应该毫无争议地被归入有关这类主题第一流论述作品之列。

亚里士多德在其所著的《尼各马可伦理学》关于友谊主题的相关章节中证据翔实地讨论和探索了,得到当代某些善于分析传统观点的哲学家们特别认可之友谊乃是种类问题,对这些哲学家们来说,他们所发表作品的基本特征是为了展现他们投入大量精力并艰苦工作所获得的，对某些模糊的哲学概念进行澄清并详细列举出概念之间的细微差别的研究成果。尽管他们把大多数苛评和非难的矛头都指向了斯多噶派学者、伊壁鸠鲁派学者以及其他与他们观点相反的学者们，西塞罗在以自己的方式写作时，或许脑海中已经留下了太多亚里士多德观点所造成的潜移默化的影响。也就是说，他在切入友谊这个主题时，无法采用和其他作者"用高于常理的准确性进行描述，而且整个讨论过程可能都准确无误，但对于实际结果所给予关注却太少"的同样方式来展开探究和论述。[1]相反，友谊的"实际结果"，也就是友谊的实际状况、真实存在和实用意义，引起了西塞罗更大的兴趣和更深的关注。他在"论友谊"中对于这个问题的解释体现了其丰富多彩的人性特征。即使他在写作过程中吸收了亚里士多德和其他先哲们丰富的思想资源，但其观点从视角的宽度上来看，正如某些评论家可以提出充分证据加以证明的那样，可以称得上是现存同类作品中最为经典的论著之一，而且这部著作可谓负载着作为公众人物的西塞罗所有亲身经历的重担，并且与其同时代的读者对作品所涉及的某些真实历史案例都了然于心，能够对其真实性进行清晰判断。

西塞罗在那场事实上终结了罗马共和国历史的内战中，支持庞培而反对恺撒，所以后来庞培虽然在内战中最终败北，但恺撒考虑到他之前对罗马所作出的伟大贡献而赦免了他，西塞罗因此也随之退出了公众生活。在退避到乡村的安静岁月中，西塞罗开始全身心投入到自己的写作事业中，在不到三年的时间里，也就是公元前46—前44年，他创作了一系列卓越非凡的作品，其中就有这篇最为著名、堪称其代表作的"论友谊"。然而迫使西塞罗不得不转而从写作过程中寻找些许精神慰藉的缘由,并不仅是因为罗马共和国宣告瓦解和权力更迭这件令他感到绝望的事件,更关键的原因是,他一直以来视若掌上明珠的唯一心爱的女儿突然离世,给他造成极度悲伤。

在前述三十多年公众生活的短暂间隔中,西塞罗始终没有放弃年轻时就非常热衷的对哲学思想近乎贪婪的研究,并且他把自己的研究成果都一一展现在这些作品里。西塞罗本人并非有独到创见的思想家,但却是一位具有娴熟穿针引线技巧的理念组织者,而且他在对这些理念的表达过程中所体现出的清新典雅意境简直让人不可思议。当然在此要顺便说一句,如果人们因为西塞罗"并非有独到创见的思想家"进而推断他的层次和级别相应降低或许是大错特错的,幸好只有很少一部分人会这样做。如果要对更接近于现代的思想文化史进行评价,当然几乎没有人能和柏拉图、亚里士多德相提并论,并归入同一个阵营,然而其成就要和西塞罗所做的伟大贡献同日而语也需要付出难以想象的巨大努力,同时在写作过程中需要对各门各派的观点进行学习了解和详细整理,并且对某些重要理念的表达描述达到令人满意的简洁明确且掷地有声的程度,此外还要考虑到这样一个事实,那就是他打算写的作品所涉及的原始资料都是初次发表于迄今两千多年之前,并且直到现在才付诸印刷,公开传播。西塞罗往往因为其某些最出色作品而得到杰出评论者们的赞赏,同时他的成就也在这种相互对比中被贬低,这种做法或许是存在弊端的,但正好也从另一个方面验证了最好的往往会对优秀的造成伤害。

尽管"论友谊"体现出西塞罗受亚里士多德思想非常明显的影响,但这些影响并非这部作品唯一的理念之源,或者可能也并非其主要的参考依据。西塞罗在"论友谊"中还直接引用了色诺芬（Xenophone）的作品《回忆苏格拉底》（Memorabilia）中的资料，但在"论友谊"中原来被认为是苏格拉底所说的话却被安排在西庇阿（Scipio）身上。第欧根尼·拉尔修（Diogenes Laertius）和奥鲁斯·格利乌斯（Aulus Gellius）曾发表声明说西塞罗作品的主要来源是现在已经遗失的泰奥弗拉斯托斯（Theophrastus）所著关于友谊的三卷本论著。西塞罗学生们的作品中就采纳了这个观点，尽管某些影响确实能够在字里行间得到确认，但实际上西塞罗在写作过程中也只是偶尔参考了这些作品，正如他的 Leob 系列作品的译者威廉·福克纳（William Faulkner）曾说过的，"分类整理、轮廓梗概、文风格调和图解例证，全都出自他的亲力亲为。从古至今当然没有任何别的作家就友谊这个主题完成过像西塞罗所写就的如此完整和富有魅力的论述作品。"[2]

西塞罗年轻时曾跟随著名预言家昆图斯·穆齐·斯凯沃拉（Quintus Mucius Scaevola）学习法律方面的知识，昆图斯·穆齐·斯凯沃拉是一位博学多才的人，也是后来西塞罗在"论友谊"中所描写的主要讲述者盖乌斯·莱伊利乌斯（Gaius Laelius）的女婿。当然莱伊利乌斯在"论友谊"中被描绘成正在回答斯凯沃拉和他的另一位女婿盖乌斯·法尼乌斯（Gaius Fannius）问题的长者，并且他因为自己一生中与西庇阿·阿美伊利亚奴斯（Scipio Amaelianus）之间所保持的闻名于世的关系体验而论及友谊话题。西塞罗把这段对话安排在西庇阿死后不久，也就是公元前 129 年前后，当时莱伊利乌斯正处在刚刚失去朋友的悲伤当中。据后来的学者们推测，西塞罗是在公元前 90 年成为斯凯沃拉的学生后，从自己的老师那里听说了莱伊利乌斯的故事。也就是说,这部作品的写作时间距离故事真实发生的时间差了约80年,而且距离西塞罗第一次从斯凯沃拉那里听到莱伊利乌斯谈起他和西庇阿之间友谊话题的时间也差了近50年。显然西塞罗只是利用从斯凯沃拉那里所听说的故事作为吸引读者深入阅读的引子,但是毫无疑问,西塞罗从这则几乎可以称为传奇的友谊故事中所感受到的某种态度和某些细节,几乎成为贯穿整部作品始末的核心要素。

莱伊利乌斯和西庇阿在公元前210—前206年间,曾经在著名的伊比利亚战役中并肩作战,尤其莱伊利乌斯曾经负责指挥罗马舰队参与的攻打新迦太基(New Carthage)之战,与担任骑兵头领参与的扎马之战所取得的胜利,为西庇阿最后的全面胜利作出了巨大贡献。莱伊利乌斯在老年时期曾经向历史学家波利比马斯(Polybius)透露过大量关于西庇阿本人和他共同经历的作战活动,据波利比乌斯所言,西庇阿和莱伊利乌斯从孩提时起就是好朋友,尽管莱伊利乌斯出生于相对贫穷的家庭且社会地位较低。但在共同经历了多次军事冒险活动后,他们的关系更加亲密,他们在罗马一起合作办公,并且在各个方面互相帮助,莱伊利乌斯一直以来地位较低的现实状况对两人之间的友谊并没有产生任何影响。

人们只能从失去西庇阿陪伴后,莱伊利乌斯对自己所体验到的深刻悲伤的觉察中清晰地看到友谊关系究竟能有多么亲密无间和历久常新:

> 没有了丰富情感和美好心愿相伴,生命因此也就没有了任何乐趣。西庇阿突然被夺走生命并从此永远消失……我们曾共同生

活在一个屋檐下，肩并肩分享着同样的食物；我们曾并肩作战于沙场，携手游走于天涯，在宁静的乡间朝夕相伴，愉快度假；我们利用每分每秒闲暇时光共同研究与学习，除了能分享彼此的陪伴，我们对世界别无他求。[3]

莱伊利乌斯关于友谊的探讨来自于他成熟和经验丰富的头脑实实在在的反应，而不是某种神妙而难以捉摸的哲学家式的反应。他先说世界上没有任何东西能比友谊更加伟大，因为其从本质上符合人类的天性，并且确确实实在人类所有人生经历中是某种既需要又渴望得到的东西。接着他又列举了一些传统意义上约定俗成的规定："我必须在一开始就设定这个原则：真正的友谊只能存在于品德优秀的人们之间"[4]——这也意味着友谊要通过那些被确认为"品德优秀的人们"才能体验，而且所运用的是实事求是的普遍感觉，而不是"卖弄学问的准确定义"。品德优秀之人，从实事求是的角度来理解，就是值得尊敬、公正无私、慷慨大度、不屈不挠和忠实可信的人，并且也是摆脱了贪得无厌、肆意放纵、暴力无情之约束的真正自由之人。[5]

莱伊利乌斯对友谊之奥义的阐释就如下所述般一步一步深入推进。所有人都情不自禁地有一种对同族亲人多于居住在同一城市之人，同时又远胜于对陌生人的自然偏爱，这是得到普遍认可的必然事实。但是友谊关系和仅仅只是相识关系之间非常明显的区别是存在于其中的善意（或者叫仁慈，benevolentia，或许"情感"一词能更好地与这种感觉相吻合）截然不同。善意消失后的相识关系从名义上来说仍然可以存在，而如果友谊关系中的善意消失后，友谊就不可能再以友谊的形式存在了,能从很深层次与一个人分享相互关系的最多只有极少数的几个人,这一事实就能反映出这种联结形成的关键所在。[6]

"现在我们可以试着给友谊下一个定义,如:享受他人的陪伴,在许多方面达成一致,以及相互间的善意和喜爱。除了智慧外,我宁愿认为世上没有任何其他事物能比得上这种只有在人类体验中才会有的友谊感受。"[7]当然有些人宁愿拥有富可敌国的傲人财富,有些人宁愿获得长生不老的长乐永康,有些人宁愿夺取一手遮天的强大权力,另外还有人希望拥有光宗耀祖的无上荣誉,更有甚者要体验稍纵即逝的性快感——最后这一种是某些粗俗鲁莽之人最渴望得到的。还有那些把最崇高的人生价值放在培养自身美德上的人——这是个更为高尚的视角,但是理想中的那些完美个体所展示的范例,例如斯多噶派学者,都是一些不切实际的虚构模型,而且也超越了"生活的普遍标准"。[8]但是如果没有朋友间的善意渗透其中,任何类型的生活都是不值得过的。世上没有任何事物,能够比拥有一位可以与之就像和自己一样坦白公开进行交流和谈话的朋友让人感觉"更加甜蜜"。有人能够共同分享幸福和成功,一起承担不幸和灾难,从而提升前者的乐趣并减轻后者的负担,这件事的价值本身就证明了友谊存在的重要性。[9]无人分享的成功会失去一半的价值,无人抚慰的困难则会付出双倍的艰辛。所有其他迫切需要得到之物——如财富、健康、地位和愉悦——都是单方面的事物,但是友谊中却包含了一切的事物:"友谊欣然接受着数不胜数的各种结局,只要你愿意,他会随时在你需要的任何地方走到你的身边,没有任何障碍能将其拒之门外,也从来不会显得不合时宜和碍手碍脚。"[10]

来自友谊至高无上的美好祝福，是其能点亮人们对未来的无限希望，并且当下述情况发生而感到无力和绝望之时，能给予所有作为朋友的人们以支持：

> 当你在面对一位真正的朋友时，就像看到了第二个自我，因此一个人的朋友在哪里，他就会出现在哪里；如果他的朋友富有，他也就不会贫穷；如果他自己弱小，他朋友的力量就会来到他的身旁；一旦他自己的生命不幸结束，他还能在朋友那里享受到第二次生命的体验……如果在世界之外你必须抓住友谊之链，无须建造房屋和城池令其万古长青，甚至也无须耕耘土地令其茁壮成长。[11]

设想一下，受仇恨折磨的家庭和被帮派分裂的国家之间形成鲜明对比的情形是理解友谊之价值很好的方法，虽然在两种情形中，人们都难以逃脱毁灭的命运，但是在面对危机时，所有能表现出忠诚品性的案例自古以来都会得到来自广大人民热情洋溢的喝彩。我们只要设想一下，坐在剧院里观看演出的观众是如何兴奋地为舞台上所演绎和塑造的真正友谊情景致以热情欢呼和崇高敬意的，就不难理解和体会到，带给人自然真实感觉的友谊一旦展现于大众面前，其所体现的一切寓意为何如此受到普遍赞赏了。[12]

在对友谊进行深刻剖析，并指出友谊之源自然天成和难以磨灭的根本特性后，莱伊利乌斯转而思考起人们提出的难以解答的问题：人类对于友谊的向往是出于某种软弱的机能，还是出于对意义的寻求呢？问题的答案可能不限于此，那么友谊是出于诸如功利主义之"如果你夺回给予我的一切,那么我也将会夺走属于你的全部"的考虑而诱发的吗?或者说还存在某种更高尚且占据优势地位的友谊之源,而且其更为直接地从人类本性之根迅速成长壮大起来吗?

在这一点上,莱伊利乌斯再次提醒读者们从字面意义上去理解友谊,即 amicitia,和关于爱的词语,它和爱(amor)是从同一个词根演变而来,"因为就是爱导致了人们之间善意的建立"。[13]当然以友谊作为借口寻求并获得某些有利条件的情况确实时有发生,但是在真正意义上的友谊关系中,不存在任何的虚假和伪装,而只有真实诚恳和自然生发的情愫,它并非来源于当事人的主观需求,而是出于人类的自然本性,是"出自某个与爱的感觉相结合的美好灵魂的意愿"。[14]

当然这也不是要否认友谊能"被所有能得到的利益和提供服务的渴望强化",但是当这些收获和渴望被之前所描述的那种友好亲善和温暖舒心的感觉所推动时,那些包含于其中的对待收获和利益的基本动机就变得大不相同。[15]如果说这些基本动机确实是友谊的起源,那么人们会更愿意选择与他们的愿望和所存在缺陷相匹配的友谊,然而事实却正好与此相反,当一个人内心充满自信,同时得到美德的滋养而无比强大,从而能达到完全的自给自足状态时,那么他"最显而易见想要实现的愿望就是结交真正的朋友,并维持与之的美好友谊"。[16]

或许是因为意识到莱伊利乌斯的言论中存在某种意欲接近理想主义的完美趋势,西塞罗开始思考某些更加现实的问题。众所周知,并非所有的友谊都能天长地久,人们由于遭遇难以预料的天灾人祸,或者经历天长日久的生活重担而相应发生了变化,他们与朋友之间的友谊可能就会出现双方不再相互受益的情况,而且还可能产生政治意见上的分歧，或者是因为个人情感、公司业务以及其他方面的荣誉或利益而引发的对抗和争斗，他们也许会因此分道扬镳，并最终走向分裂，这个过程中让他们产生上述分歧的主要原因之一，可能就缘于一方当事人要求另一方参与了某些结果难以挽回的罪恶勾当，就"好比成为了罪恶的代言人或者暴力的教唆犯"一般。在上述这些情况下，美好的友谊可能旋即转变成沉重的憎恨。[17]

问题因此而产生了。究竟人们对待朋友的忠诚应该达到什么范围或程度呢？西塞罗在"论友谊"中措辞讲究地询问莱伊利乌斯，那些背叛罗马帝国的卖国贼的朋友们是应该忠于他们的朋友，还是应该忠于罗马呢？假如说还有和福斯特（E. M. Forster）所说的，如果他面对这个问题时希望能给出的回答，与"如果我不得不在背叛祖国和背叛朋友之间选择其一的话，我希望自己能有勇气背叛祖国"不同的答案。福斯特的回答沿用了但丁（Dante）的观点，但丁因为卡西乌斯（Cassius）和布鲁特斯（Brutus）在面对这个问题时选择了背叛他们的朋友恺撒而不是背叛罗马，从而把他们发落到地狱的最底层。[18]但是这个做法却低估了和西塞罗同一阵营的罗马人眼里将誓死拥护共和政体作为美德的爱国主义者凶猛残暴的一面。西塞罗通过他笔下的莱伊利乌斯呼吁所有反对罗马共和国的罪行，将永远遭受来自内心的一种"严重而正义的惩罚"。[19]

关于这一点，莱伊利乌斯在对话中总结道，为了朋友的利益而许下的承诺并不能被用来证明某种罪恶行径的合理正当，并且从此以后，所有的友谊关系在建立过程中还应该遵守如下的法则："既不要求他人去行任何不体面、不光彩之事——即便是被要求了，也绝不能去为任何不体面、不光彩之事。对任何人来说,所有为通常意义上的罪恶行径进行的辩护,特别是所有违背国家利益的事情,都必然是不体面、不光彩的,是无论如何也不允许去做的,哪怕他为了朋友的利益而愿意为此承担一切责任。"[20] 这条法则以非此即彼且严正明确的措辞声明如下:

> 只要求朋友去行所有正确而光荣之事;无须等待被要求而只为朋友们做正确而光荣之事;让你的热诚之心永远呈现,而犹豫之意消失不见;敢于以全部的坦诚向朋友提出最真诚的建议;友谊中那些才能足以辅佐君主的贤士朋友们所产生的影响是至高无上的,并且人人都有义务力荐这种影响而令其被采纳为建议,不仅要以坦诚的心,而且如有临时需要,甚至要以令人生畏的态度。[21]

西塞罗在此恰到好处地把其他人的观点略作附带一并加以提及,但是由于他的读者(或者听众,假想这些文章会经常被朗读给其他人听)可能非常熟悉的这些事物中已经隐含了现成的传统思想,所以他接下来就直截了当地表达了一些已成为人之常情的普遍思想。他在文章中重点抨击传统观念而提出的观点是人们不应该对他人过于友善,也无须拥有太多的朋友,"以免日常杂务繁多而因此内心充满焦虑"。而且每个人都有其自身需要投入精力而参与其中的事务,过多介入他人之事也是对自己造成的无端烦扰,因此人们"最好以尽可能宽松舒适的力度抓紧友谊的缰绳,以便能随时随地、亲疏自如地调控和他人之间的距离"。当然,他提出的所有建议都是基于最好的生活需要最少的关注——而友谊会带来关注——这个观点之上的。[22]

然而莱伊利乌斯对上述观点却根本不赞同。"哦,高尚的哲学!告诉我为什么当生命中的美好友谊被强行剥夺后,就好像生活在太阳熄灭了的宇宙之中?"他大声责问道,并断然拒绝接受"摆脱关注"这一他认为大错特错的生活理念,坚定地认为对于关注的逃避就等同于逃避美德,因为仁慈与邪恶势不两立就如同勇敢和懦弱不共戴天,公正和偏执分庭抗礼,以及节制和无度水火不容。为了能时时刻刻留意并保持仁慈状态,勇敢和公正必须接受对伴随其发生之对立面的觉知和关注,也就是接受与之相伴发生的所有值得做的事物都恰到好处地得到了关注。如果我们的灵魂中与友谊相协调的所有情感都被剥夺而不再有所感应,那么我们的生命和一块冰冷坚硬的石头还有什么两样呢?[23]

为了反对某些人曾提出的观点中所涉及的心神安宁(ataraxia)——某种平和的精神状态,也就是某种轻松随意且无忧无虑的生活状态——是比友谊更为深远,或者说拥有更多力量或愉悦感受的美好状态,西塞罗通过莱伊利乌斯提出了一个截然相反的观点:有谁能够在从未感受或得到过他人之爱的前提下,想要得到无尽的财富和欢愉呢?"这个问题实际上涉及暴君的生活——我的意思是,在这样的生活中可能不存在彼此的忠诚,不存在情感的交流,同时也不存在某种基于持久善意下的相互信任,彼此间的一言一行可能都会引起相互的猜疑和焦虑,当然在这种生活中更没有友谊的立足之地。"[24]

然而如果我们承认友谊在一定意义上存在某些限制,那么朋友共同认可的不能逾越之边界是什么,这条边界究竟是以什么形态呈现的，到底又设置在哪里呢？莱伊利乌斯从这些疑问着手，开始反驳以下三个通常容易被人们接受的暗示：人们体谅朋友的感觉应该和体谅自我的感觉相同，同时对朋友的善意应该与朋友对我们的善意相匹配，而且对朋友的重视程度应该等同于对自己的重视程度。[25]他认为这些貌似合理的暗示存在弊病的理由是基于友谊某些本质上的属性，人们往往会为朋友做到其不能为自己所做的事情，而且不同个体的生活环境也各不相同，自然适合于某人的事物未必恰好也适合另一个人，因此要尝试在友谊的相互关系中设置某种特别平等的权衡方式必然会牵涉到"某种特别亲密而又烦琐的计算公式……我认为真正的友谊比那些算计更为丰富，且更加珍贵，而且真正的友谊并不需要那些唯恐付出超过所得而处心积虑的狭隘分析和算计。"[26]

这些暗示中最后一条也正是莱伊利乌斯最恐惧和担心的，他特别强调朋友之间对自己和对他人的重视程度不应该相同，因为正如某个朋友处于沮丧失落之中这种常见的真实事例所表明的：人们就真的应该像重视朋友那样重视自身而同样陷入沮丧失落之中，或者不应该"努力使自己振作起来并尝试一系列更好的思路和想法，从而迎来更加生机勃勃的希望吗"？[27]

因此，这样的边界究竟应该设在哪里？让我们先来回顾莱伊利乌斯早前曾极不情愿地说过的那些教唆朋友犯叛国罪或者干无耻勾当的不受欢迎的话，但他现在说真正的忠诚实际上需要我们去帮助朋友，即使这种帮助意味着要"从光明正大的阳关大道偏转方向，并可能走上阴暗崎岖的小路"，只要这样做不至于把我们自己拖进"永远不得翻身的彻底耻辱"之中，而且如果朋友们急需得到帮助的是一件涉及其宝贵生命和无上名誉之事,则更是义不容辞。请特别注意他在此所说的我们应该"从光明正大的阳关大道偏转方向,并可能走上阴暗崎岖的小路",但是可能造成的耻辱至少为朋友们划出了一条外在而明显的边界线,从而"限制了友谊中某些可能被容许的放任行为",这当然既不是莱伊利乌斯也不是西塞罗从一开始就准备好要去面对和沉思的问题,即使是为了朋友。赴汤蹈火,绝无怨言;蒙受耻辱,绝对不行。[28]

这个问题显然在某些方面对西塞罗也造成了一定的困惑,就在上述这段文字的后面几页中,他谈到"剖肝沥胆的忠诚"和"至死不渝的坚定"是"支撑和维持"友谊关系的关键因素[29],而且和迄今为止他所描述过的对友谊更为严格或者更为宽松的限制也无法融洽共存,因此他谈论忠诚主题的关注焦点开始转移到仔细选择朋友的必要性上,并且建议能够对朋友做一个测试,"所以就如我们在驾驭战车时,制止某种不计后果的汹涌澎湃之善意也不失为智慧的一部分,那么按照这个原则我们要经营和维护好友谊,在某种程度上也需要适当配置朋友,就如同我们为战车配置优良战马一样,而且还需要进行初步的测试"。[30]这种测试一方面要看清一个人在涉及金钱利益的交易中所展现的状态,或者了解其在工作中所暗藏的职位晋升的野心,"这样岂不就能发现一个人是否具有宁愿朋友获得晋级提升,而不在乎自己利益得失的高尚品格吗?"[31]

如果那些潜在的朋友能立下誓约,毫无例外地保证成为那种"至死不渝的坚定"之人,那么这不容分说会导致人们对潜在朋友应该具备什么品质产生疑问。问题的答案自然是坦诚直率、善于交际和富有同情心，而且从某种意义上说，只有当某人愿意就某些与自己相同的兴趣和关注点产生共鸣时，这些品质才能长久维持。至此，莱伊利乌斯事先所设置的"两条友谊准则"便能够从中得以例证，首先是确定"没有任何假装和虚伪"的情况真正存在，其次是确定参与建立与你之间友谊关系的候选者都非常坚定，并且始终都不会听信任何来自他人对你颇有微词的言论。[32]

第三条准则是友谊当事人相互之间关系应该是平等的，无论这份友谊是初次相逢，还是曾经沧海，也就是说，新朋友应该得到老朋友同样的待遇，并且彼此或当某一方存在级次不对等情况时，双方也应该是平等的，无论在工作或者是社会结构的其他方面，情况永远都应如此。

为了防止某些顽疾会对友谊产生困扰，诸如陷入因无耻事件而起的尴尬境地，或者感觉丢人现眼，抑或由于政治观点或者其他方面的分歧而致使友谊终结等情况，莱伊利乌斯再三表示，处于友谊关系中的人们最好始终保持谨慎之心，实际上除非心智已完全成熟，否则人们不应该带着长久坚定的美好愿望走进友谊中。假如说这一点是必须饱经生命历练才能获得的人生珍贵体验的话，那么它对人们的价值就是让人能够充分仔细地考量身边可能成为朋友之人所拥有的品质，因为每个人都必须将对朋友的尊重和崇敬视同和对他们喜爱有加同样关键的目标，而且他们也因此必须是值得崇敬和爱戴之人。[33]

在对话临近结束时，莱伊利乌斯的观点明显转向对亚里士多德思想的认同，他说，"每个人都对自己有喜爱之情，并且这种喜爱并不只是从自爱出发而让自己获得某种利益，但是从自身利益出发人们也非常爱惜自己,除非与之相同的感觉被转化到友谊之中,否则就永远无法找寻到真正的朋友,因为真正的朋友似乎就像是另一个自我。"[34] 在此表达这个观点或许会让人产生某种与基督教信仰者们的思想师出同源的感受,他们的教义"爱邻居就像爱自己"往往被理解成隐含着某人为了能爱他的邻居必须先爱自己的寓意。从措辞风格来看,这条教义没有必要举例说明某人的朋友从字面上理解就如同另一个自我,但是就朋友确实存在与自我的相似性意义而言,或者更为确切地说(并且也更有可能的是),某人应该以和对待自己的兴趣和关注点同样的方式对待朋友。当然生活中确实存在某些平常事件对"另一个自我"祈祷的隐喻相应产生了回应,然而在西塞罗所有言论的大致含义中,事先就提出要真正准确地认识到朋友间的区别和差异性,虽然如此,朋友还是人们所重视、尊重甚至实际需要的人,正因为现实生活中存在这些混乱繁杂的因素,西塞罗因此嗅觉灵敏地进行了收集:我们能感觉到友谊之自然动机是基于双方当事人的兴趣相同和意气相投,然而朋友其实并不总是彼此保持相同感受,或者出于同样的善意,抑或相互之间持有相应的价值观,这些实际存在的问题也成为西塞罗所反对的其他哲学观点强加于友谊之上的三个必要条件,并且在对这些观点的反驳过程中,也逐步展现了友谊中所暗示的对朋友之独立性和特异性的认识,而且这些差异性之间如何相互啮合并让彼此感觉满意就是友谊之奥义,不只是出于相互之间利用价值之考量,而且出于承担和接受彼此之间善意的目的。

非形式逻辑中一直存在一种众所周知的名为"没有真正的苏格兰人"的推理谬误,起源于某些苏格兰爱国者在听说了某个苏格兰同僚的卑鄙行径后可能会发起的声明："没有真正的苏格兰人会做出这样的事。"这个谬论表现为如果某个假定的×没能符合期望的定义要求，那么就会出现符合如此定义的"真正的×"，其自身也将以改变目标标杆的方式被从其他×们中排除出去，以至于只围绕在所谓"真正的"×们身旁。当莱伊利乌斯最早提出"真正的友谊只能存在于品德优秀的人们之间"这一理念时，就已经犯下了与这种谬论类似的错误，并且他还断言那些能快速成为朋友的邪恶之人之间所建立的友谊都不是"真正意义上的"友谊。这个观点对于那些想达到某些目标的人们来说具有非常重要的意义，因为"真正意义上的"友谊需要对美德的共同认知这一传统喻义，让谈论友谊的理论家们轻而易举地避开了某些问题，例如其中之一的忠诚是友谊之必要条件的问题，是与友谊不应该导致人们提出无耻要求的问题相互矛盾的。后面这个问题能够通过事先设定"真正意义上的"友谊是基于美德之上的方式来进行规避，而且因此也绝不会造成将友谊当事人引向某种不体面、不光彩的境地——不仅因为一个"真正意义上的"朋友不会要求他人去做一件不体面、不光彩的错事，其中暗示着一个"真正意义上的"朋友不但不会教唆你行不光彩之事，反而会规劝并把你引向更美好的方向，而且还意味着人们在相识之初不会和名誉扫地的人成为朋友，这当然也是在假设"真正意义上的"友谊不可能如此产生的前提之下的结果。因此，每当谈起"真正意义上的"友谊就注定会误入歧途的情况明显不会发生了。

莱伊利乌斯所定义的"品德优秀之人"就是可敬、公正、慷慨、勇敢、忠诚并且从不贪婪、毫不放纵且远离暴力之人，这个定义是他

56 在明确"品德优秀之人"意味着什么的过程中,意欲避开陷入某种"卖弄学问的迂腐准确性"语言陷阱而采用的开场白。但是他在此所设立的标准是相当高的,并且是与传统习俗的观念相吻合的,而不是——如西塞罗声称他所希望的那样——带有某种实用主义色彩的。我们当然希望朋友(当然是"真正意义上的"朋友!)都或多或少能原谅和容忍我们身上的缺点、过错和失败,以及我们的不完美状态,甚至有时能包容我们所犯下的彻头彻尾的过错。当然期待友谊可以在一方当事人导致另一方或其他人陷入真正的污秽中尚能幸免的想法是不切实际的,除非是在某种情有可原的环境和前提之下,但是当我们想沿着这条充满"真正意义上的"爱的路径,期待友谊会永远远离困扰的愿望也纯属理想化的一厢情愿。

莱伊利乌斯对于"友谊"自身的定义,即分享他人的亲密陪伴,在诸多方面协调一致并相互给予善意和喜爱,相较于他对于"真正意义上的友谊"和"品德优秀之人"的定义情形更为乐观,并且也确实成为人们期望从西塞罗那里听到的充满明达和智慧的回响。仁慈(benevolentia)这个概念,也即"善意",包含在某些同甘共苦的承诺里,也就是要像支持其他生活愉悦幸福的朋友一样,力挺某个身处不幸和绝望之中的朋友;如果说"真正意义上的友谊"这个短语还有其意义可言的话,那么其意义就应该体现在这里。

正如亚里士多德当年,甚至更明确地说——毫无疑问受到了斯多噶派哲学家著名的"随其自然"告诫的深刻影响——尽管他本人并非斯多噶派学者,但显然出于后来被西塞罗所发现的人类本能中的某些必然特性,就像一般而言的动物本能,被友谊产生的强烈冲击深深触动。但是社会因素就算没有比人类本能具有更多的复杂性，但同样也具有强大的影响力，一旦善意的感觉和喜爱的情绪产生，相应地被相互之间的利益关系所强化，或者由于分门别类现象的发生，随着时间的推移所造成角色和个性的转变从而被削弱，那么所有观点谈及的现象都有其一定的道理。众所周知，在不可能到达完美状态的个体间不可能存在友谊完美的传统理念，需要注入一剂来自实用主义的有益于健康的药物进行缓和，以使其达到某种无论如何貌似真实的境界。

然而任何想要遗忘古人所留下的遗训的尝试最终都是徒劳无获的，而且在我们所生活的时代，人们依然需要那些典范加以借鉴，更不用说还有普鲁塔克（Plutarch）和他提出的曾引起广泛关注的朋友太多的问题。[35]况且，今天的人们通过诸如Facebook交友网站等社交媒体获得了数量巨大的"朋友"，因此普鲁塔克所提出的朋友太多的问题也就与我们密切相关了。如果某人在Facebook交友网站上结识了10个、50个、100个甚至上千个"朋友"，他们都是真正意义上的朋友吗？即便他们都是，那么他们都是不相上下、同样的朋友吗？在Facebook交友网站盛行的时代，朋友和熟人之间所存在的区别还具有某种特别意义上的重要性吗？但至少就某些重要的事情来说，远古世界并不缺乏洞察力。

普鲁塔克被更多人所熟知的作品是《平行生命》（*Parallel Lives*），而不是《道德随笔》（*Moral Essays*），但是他在《道德随笔》中的部分文章却具有极大的魅力，并引起读者广泛的兴趣——当然不只是关于有多少朋友能够成为真正意义上的朋友这个话题。

在普鲁塔克看来，要获得一位真正意义上的好朋友，所遭遇的主要障碍是渴望拥有为数众多的朋友，当然这种渴望也是我们对新奇事物之疯狂热爱的产物，同时也缘于人类与生俱来的反复无常和变幻不定的特性，以至于我们永远都处在追逐建立全新友谊关系的过程中，即使这个目标自始至终并未达成。[36]普鲁塔克指出，所有文学作品都告诉我们，那些成为经典的友谊范例都是发生并维持在两个个体之间的关系中，同时他在文章中还旁征博引地讲述了特修斯（Theseus）和皮瑞塞斯（Pirithous）、阿喀琉斯和普特洛克勒斯、俄瑞斯忒斯（Orestes）和皮拉德斯（Pylades）、菲尼狄亚斯（Phintias）和达蒙（Damon）以及伊巴密浓达（Epaminondas）和佩洛皮达斯（Pelopidas）之间传为经典的友谊故事。并且他发现，亚里士多德所提出的"另一个自我"理念本身就意味着某种二元性的特征。[37]

普鲁塔克认为唯一能够结出甜蜜友谊之果的嫩芽是"与美德相伴的仁慈善行和彬彬有礼"。然而这种高贵的品质是极其罕见的，因此如果某人还有许多其他的朋友，那么他不可能很好地将这些品质分配给那些朋友，正如一条河流被分散成许多条细流后，每一条细流都只能变成一股流量极其微弱的水流。同理，若将某人的情感分散，同时给予许多的接受者，每个人所能得到的情感也会变得非常微弱，且不能产生预期效果。[38]

普鲁塔克当然并不坚持认为每个人应该只有一个朋友，但是他建议人们应该努力结交杰出的朋友。结交朋友时应该加以判断，并进行选择，以至于人们能够"因为有朋友的陪伴而感到欣喜，并且在有需要时可以得到朋友的援助"，如果人们拥有太多所谓的朋友，那么就无法做到这一点。因为朋友应该是德行高尚、相处愉悦且互有助益的人，并且为了判断他人是否具备上述三个特点，人们需要在选择时深思熟虑，就如同我们为孩子选择家庭教师或为合唱队选择新成员一般，通常我们都需要听听他的歌声，以确定他的音调是否能够和其他队员达到和谐悦耳的效果。这远比完成诸如"遇到每当机会到来时能全力帮助你的朋友们，他们中的每一位都能'在你身处顺境时给予援手，却从不拒绝分担你的不幸'"[39]两个任务中的任意一个要困难得多。

就像波洛尼厄斯（Polonius）对哈姆雷特（Hamlet）提出的建议——"不要对每一个泛泛之交的新相识滥施你的情谊"一样，普鲁塔克建议并强烈反对人们与所谓机会主义的成功者和某些善于谄媚者之间有那种严阵以待的亲昵行为，因为"所有轻而易举便能收入囊中的一切，并非总是值得拥有和期待的"，而美好友谊的开端才是其万古长青品质的关键所在。[40]想要摆脱一位品行邪恶的朋友也非易事，然而要继续维持关系又麻烦不断，而且在摆脱过程中还有可能会转而变成敌人；"就像面对有毒有害的食物时，我们既做不到让其停留在胃里而不造成任何危险和伤害，也做不到好像只是被简单地吃进嘴里后立即就被排出体外，仅仅只是经过腐化、混合过程而改变了形态……如果这样的朋友被奋力而强制地摆脱，必然会带来仇恨和敌意，其情形就如同人体分泌胆汁的过程。"[41]

简单地说：人们在结识朋友的过程中，必须经过十分仔细和认真的选择过程，并且绝不能吝惜用于挑选朋友方面所必须花费的时间。"因此就像宙克西斯那样，当被人指责画画速度太慢时，就曾经答复说：'我承认我确实画得很慢，但我坚持画到了最后。'"[42]

普鲁塔克似乎并没有因为自己关于友谊主题的思考全然不同于亚里士多德和西塞罗而有所畏惧并忙于掩饰，他坚定地认为优秀的朋友就是那种能给人带来愉悦感受并具有可利用价值的人。但就像亚里士多德和西塞罗所认为的一样，他也认为朋友之间所建立的联结关系，会"被思想感情的交流和人性本能的善意所强化"，同时又会促进和产生交流和善意的结果，这些也是激励人们对友谊所能带来的意义心存向往的缘由，而不是相反的情况。"正如墨涅拉奥斯（Menelaus）说起奥德修斯（Odysseus）时的那句名言，'没有任何东西能把我们分裂和隔离，我们彼此相爱并相互取悦，直到死亡的乌云完全将我们笼罩'。"[43]可见朋友间深厚到如此程度的情感并不是悉心算计的结果。

长期稳定和恒久不变是友谊本身迫切需要得到之物，具有这种特性的联结一旦建立，双方当事人将会全然地分享彼此的生命困境和欢愉时光。然而即便如此，这些假设中的被视作罕见珍品的友谊特性仍旧是人们需要小心谨慎进行选择的另一原因所在。"能广结善缘且适当应对的灵魂，必然是敏感警觉且八面玲珑的，而且表现得柔软顺从且变幻无常。但是友谊需要具备沉稳安定、始终如一且万古不变的特性，人们在与他人的亲昵行为中是需要前后一致的，因此一位始终如一的长久朋友是无比稀少、而且倾其一生也难以找到的。"[44]情况反过来也是如此，正如我们需要倍加仔细地选择一个或者为数很少的几个朋友一样，我们自己也同样需要具备结识并建立友谊方面的能力——就以一句古老的英语格言"滥交友者无真朋友"为鉴吧。

这句古老格言可谓是对所有人的一个明智而朴素的建议，明显带有足够强大的警示力量，但却表达得如此轻松愉快。任何事物只要能比广博无比的经典文化之源中那些重要的理想化概念稍稍减少一点矫揉造作，就朝正确的方向迈出了一大步。

第四章
基督教和友谊:爱你的敌人

西塞罗在其哲学作品产量最多时,所写的最具影响力的著作之一是名为《荷尔顿西乌斯》(Hortensius)的对话录集,该书书名来源于其好友昆塔斯·荷尔顿西乌斯·霍塔路斯(Quintus Hortensius Hortalus)。这是一本介绍哲学历史发展的知识性书籍,旨在将希腊传统哲学的瑰宝展现在罗马公众面前。这部对话录集也被认为是亚里士多德亲自以拉丁文撰写的著名的哲学入门书《劝勉篇:哲学》(Protrepticus Philosophiae)的改编和扩充版本,而《劝勉篇:哲学》是远古时期亚里士多德为邀请人们尝试哲学意义的生活和进行哲学思考而写的传世奇书。

然而令后人扼腕叹息的是,这两部著作都在难以逆转的历史变迁中不幸遗失了,留于世人面前的只是其中的零星片断。有人曾努力尝试从古代相关文章的引用文字中重新组织建构,并恢复《劝勉篇:哲学》这一哲学巨著。西塞罗所著的《荷尔顿西乌斯》具有更大的历史影响力,绝不亚于希波(Hippo)的奥古斯丁。

奥古斯丁在其著作《忏悔录》(Confessions)中谈到他19岁时就读过西塞罗所著的《荷尔顿西乌斯》,当时感觉全身被一股对哲学"炽烈燃烧着的热情"所充满。[1]在其随后十年浸淫于美女和美酒的生活之后,他转而信奉起了基督教,但他一直把西塞罗看作对自己产生深刻影响的几个重要人物之一——可以和柏拉图、柏罗丁(Plotinus)和波尔菲里(Porphyry)这一群令人敬畏的人们相提并论——从他老年时期的谈话中,可以追溯对此进行确认的某些言论,"这世界上除了朋友之间的赤胆忠心和相互喜爱,再也没有其他更加伟大而令人慰藉的人或事了。"[2]

奥古斯丁所著的《忏悔录》第四部中谈到了友谊的话题,但一开始就表现出非常有趣的特点,那也是对于基督教信仰者而言在思考友谊问题时所必然会存在的显著困难,想象一下基督教创始人在教义中告诫信徒们要尊崇无条件之爱(agape),就是那种对所有人类同胞都一视同仁、不加选择的更为广博之爱。基督教所宣扬的这个教义并非其独一无二的理念,佛家和墨家的思想也同样劝告人们对所有人类奉献博大的爱(而且佛家思想所推崇的爱更为宽广和慈悲,其面对的是所有一切的事物)。但是任何与此相关的想法都和人们有所选择、有所偏好地喜爱某个或少数几个他人的情况不能同时成立,而且在某些特殊方面超越了非宗教信仰者所抱持的情感状况。基督教信仰者们接受了这些思想似乎立即意味着不能仅仅成为某一类人的朋友,而应该做所有人的朋友,接着他们又陷入了普鲁塔克对那些拥有太多朋友之人所进行的有针对性的批评之冲突旋涡中。

奥古斯丁就因为一段情比金坚、无比深厚的友谊而陷入情况更为严重的进退两难的困境,他所结识并与之共同分享友谊之果的那位青年,曾经是他儿时关系亲密的同学和玩伴,并且当时正和他一起居住在他的家乡塔加斯特城(Tagaste),那是他作为修辞学(rhetoric)老师回去定居的地方。"就像当时的我自己一样,他也正处在自己最为美好灿烂的青春时期,就像一朵盛开的花在田野中摇曳生姿……那是一段无比甜美的友谊,而且在共同学习的炽热之情烘托下慢慢成熟起来。"[3]奥古斯丁以基督教信仰者回顾往事的方式进行写作,文章中他不得不承认,这并非一段"真正意义上的友谊"(在此又再一次出现"没有真正的苏格兰人"),因为只有与神之间通过圣灵(Holy Spirit)所产生的联结才能被称为真正意义上的友谊,但是他又进一步补充道,"如果生命中没有他的出现,那么我的灵魂也将无处安身",他们之间的友谊"比迄今为止在我生命中出现的所有最甜蜜美好的事物更加甜蜜美好"。[4]然而这个让奥古斯丁尽享友谊之甜蜜的年轻人最终因患热病而不治身亡:

> 我的心灵因为这种剧烈无比的悲痛以及随处可见的死亡影像,而全然跌进一片灰暗茫然中……所有我和他曾经一起做过的事情和经历的场景,现在因为他的飘然离去,而成为可怕的折磨。我的双眼仍然下意识地四处找寻着他的身影,但是却没有发现关于他的蛛丝马迹,我几乎对双眼所能触及的任何地方都心怀痛恨,因为他已不在其中,而且从此再也没有任何地方会告诉我,"快看,他正在向这边走来"……(每当我质问自己的灵魂)

"希望与你在天堂相会"而我的灵魂从未给予回应,因为我所失去的这位最最亲爱的朋友是位真正的男子汉,他比我命令我的灵魂按图索骥所假想的任何神灵都更真实和美好。除了哭泣,没有什么能给我带来些许安慰,眼泪就像清凉的泉水滋润着我心中每一个渗透了对朋友深切怀念的角落。[5]

奥古斯丁因为失去挚友而感受到了仿佛垂死挣扎般的万般悲痛,他不得不离开了塔加斯特城,并来到了迦太基城(Carthage),以逃避那些令他痛苦的场景。就这样,痛苦和悲伤也随着时间的流逝逐步减轻,而且"令我从痛苦中慢慢苏醒并恢复精神的,最为重要的原因是来自其他朋友的安慰,在他们的陪伴下我又渐渐恢复了对曾经深爱过的一切事物之喜爱之情",尽管不能说(奥古斯丁在回顾这段往事时悲哀地叹了口气)就如同神亲临身旁。接着他在书中写下了以下这段极其美好华丽的文字:

> 和他并肩促膝谈笑风生;水乳交融相敬如宾;一起愉快地博览群书;相伴悠闲地度着光阴;真诚恳切地以礼相待;虽偶有意见相左却从不恼羞成怒,如同一个人与自己和谐相处,甚至这些偶尔的意见不合也更加映衬出琴瑟和鸣之乐;有时谆谆教导,有时虚心接受;耐心等待离家者携欢愉而返。这些熟悉的友谊景象不由自主地从那些施爱者和被爱者的心田里涓涓细流般缓缓流出,展现在英俊面容中、如簧巧舌上、深情眼眸间以及其他数不胜数的迷人身姿中,如此众多的难忘情景就像一块块燃料将我们的灵魂燃烧并融合在一起,让我们在芸芸众生中相识相知而成为

64

难分彼此的浑然一体。⁶

这是一段极好的文字。

虽然他所经历的这段世俗故事如此与众不同,"这也是我们每个人都希望能从朋友身上得到的喜爱之情,"但奥古斯丁认为,"并且我们对这种情谊的热爱深切至此,以至于当我们不能去爱那些爱着我们的人,或者回报给他们以同样深厚的爱,我们的良心就会受到强烈的谴责,他们将会从他人那里找寻证据来证明除了他们也有过的爱之外别无他物。这也是我们在遇到朋友离世情景时常常产生抱怨之情的主要根源——那种渗透着哀伤的阴郁,沉浸于泪海的心灵,以及所有转化为苦涩的甜蜜——和一种苟且偷生般的死亡体验,正是因为某个垂死中的生命悄然流逝。"⁷奥古斯丁在说过这段感情至深的话语之后不久又写下了篇幅冗长的祈祷词,似乎是在与天上的神灵就他对朋友之爱胜过朋友对他之爱这个事实进行友好谈判以求和解。由于奥古斯丁内心对于神的狂热赞美之情而迫使他在这篇充满激情的诗歌结尾处这样写道,"那时我对这些事情还一无所知(也就是那段刻骨铭心的友谊发生之时),而我对那些卑劣下流的美女们却爱得痴狂。"⁸

基督教信仰者所面临的最主要困境就隐藏在这篇祈祷词的第一行中:"祝福那些深爱着你的人吧,祝福那些因为你而深爱着他的朋友的人,和那些因为你而深爱着他的敌人的人,只因为你的缘故;因为他所失去的只是那些无法与他亲近的一切,而一切与他亲近的都无从失去。"⁹如果说我们应该把自己最伟大的爱都奉献给神,那么对人类同伴过多的喜爱,或者甚至超过了对神的爱,就是不正确的行为。如果我要"以全部的心灵和力量去爱神",那么对任何他人无论胜过神多少的爱都是毫无实际意义的,正如我们曾经在神的面前立下誓言时说过的那样,而且无论如何这种爱也不得不"通过神"才能得以经验。但是我们要爱自己的敌人就如同爱自己的朋友,我们要爱生命中的每一个人;"爱邻居就像爱自己"是基督颁布的第二条新诫命,也是对"谁是我的邻居?"这个问题的回答,这个答案是以讲述与完全陌生的路人之间的故事之作品《慈善的撒马利亚人》(Good Samaritan)的形式向所有的信徒传达的。[10]爱洛绮斯(Heloise)在经历灾难后给阿贝拉(Abelard)写了一封充满感激之情的信,这封读来感人肺腑的信充分展现了人类爱的力量,就像奥古斯丁所展现的在其信仰转变前所经历的难以磨灭的刻骨友谊一般。然而阿贝拉态度过分严肃的庄重反应和奥古斯丁信仰转变后的长吁短叹就足以说明这种前后大逆转的情形。[11]

然而奥古斯丁的友谊故事并没有因为他的信仰转变而告终止。实际上在《忏悔录》中还清楚地记载着除米兰主教安布罗斯(Ambrose)之外,阿利比乌斯(Alypius)和尼布里迪乌斯(Nebridius)也都是其改变信仰道路上的良师益友,并从此之后亲密地陪伴在他身旁。对于阿利比乌斯,这位和奥古斯丁一起施行洗礼,并在他成为希波大主教时成为塔加斯特城主教的传奇人物,奥古斯丁在《忏悔录》中这样描写道,"他是我心中的兄弟……任何与我们相识的人都认为我们的区别只存在于肉体之上,而不在于精神之上;我的意思是说,我们之间拥有非常和谐而且忠实可靠的友谊。"[12]这同时也印证了某些把友谊看作人类最伟大事物之人所认为的,友谊关系中所有对第三方当事人（也就是神灵）的尊敬和服从是无法改变的，人们或许可以在编辑过程中删除或省略其中与神灵互动的相关段落，只以某种对此证据确凿的天赋才能，就友谊对某些人而言究竟意味着什么之奥义加以不可思议的渲染。

其实奥古斯丁本人似乎偶尔也会对需要信徒投入全部关注去听从和顺服而实现某些神圣使命的指令和要求失去耐心，因为每个人都需要直面这样一个其间存在着任何人都无法否认之事实的万千世界，"在这个世界上，存在着两样最为本质的事物，那就是生命和友谊，任何人都必须极度珍惜自然所馈赠的这两件稀世珍宝，绝不允许对其有哪怕丝毫的轻视和贬低。神创造万物并赐予我们宝贵的生命，而且如果我们不想孤独地存活在这世间，就必须得到友谊的滋润。"[13]他再一次这样写道：

> 在友谊关系中所感受到的爱应该是不求任何回报的付出，你和朋友相识相知进而相爱的原因不是为了他能为你做些什么；如果你喜爱他是为了从他那里得到金钱或其他什么利益，那么你就不是真正在爱着他，而是在爱着借由他而能获得的那些东西。同时朋友也应该得到你不求回报的爱，仅仅因为他就是他的缘故，而不存在任何其他目的。[14]

有人或许会注意到这里所说的"其他目的"可能就等同于对神灵的确认，同时也有人会注意到，喜爱某位朋友是因为这样做得到了神的指令，而并非出于不求回报之爱。除此之外，这种喜爱看起来或许是某种智慧，而不是神赋予友谊的重要属性，如果说奥古斯丁写给普罗巴(Proba)的一封信上的相关言辞能作为表面判断之依据的话,"这个世界存在着两件如此必不可少的事物,那就是健康和友谊,它们常常和智慧一起,结伴造访我们。"[15]

当然奥古斯丁的公开身份,正如它本就必然如此,决定了他"与神"之间建立的"真正意义上的"友谊;"你只能真诚地爱着你的朋友,因为归根究底,你是在爱着活在你朋友心中的神,无论是否因为神已安住于他心,或者是出于神可能活在他心中之目的……除非神通过圣灵在两个灵魂紧贴的人心中注满爱的甘霖以使灵魂从此相融合,才会产生真正意义上的友谊。"[16]这就是奥古斯丁在其信仰改变后所思考的主要且重大的哲学主题,并且之前所存在的介于爱神还是爱人两者之间举棋不定的焦虑不安,也在坚信友谊原本为神所造的虔诚言行中得到缓解。奥古斯丁还告诫信徒们如果友谊被允许彻底地世俗化,则容易引导人们误入歧途:"人类友谊的联结自有其甜蜜和乐趣,将众多灵魂绑定并融合为一体,但因为其中存在这些意义和价值,也因为对低层次物质毫无节制的偏爱,并忽视了更美好、更高尚的需求,罪恶因此便产生了。"[17]我们在头脑中都有这种根深蒂固的想法,认为能够引导人们像个懵懂男孩一样偷梨的罪魁祸首,是某些"并不友好的友谊",也就是对他的同伴们引导他误入歧途行为的指责,他非常令人满意地重新编排了偷盗邻居果园里的梨的全过程,当然果园里的梨还不至于诱人到使人忍不住去偷窥或偷吃的地步,因此不是水果本身,而只是冒险所带来的愉悦感受起了作用,因为偷盗本身是被严格禁止的。"回过头来看的话,我现在能够确定,如果当时只有我一个人,或许就不会尝试这样做,或许真正让我喜爱的是有一起参与冒险行为的朋友的陪伴……哦,并不善良美好的友谊啊!"[18]

奥古斯丁就友谊主题所完成的学说和信条在神学意义上是无懈可击的。"在那些对神圣事物不认同的朋友中,不可能存在对人类事物完全且真实的一致认识,必须密切注意那些鄙视神圣事物的人们超出本然而更加推崇的人类事物,而且无论是谁,只要对创造人类之神没有敬仰爱戴之心,那么也就无法学会如何正确地关爱人类同胞。"[19]基督所颁布的两条戒律赋予人类绮丽夺目的光彩:

> 你要用你全部的心灵和魂魄,用你所有的头脑和精神去爱神,你的主;爱邻居就像爱自己;因此,关于第一点,对于神圣事物,你们要有一致的认识;关于第二点,要让世界充满善意和爱;如果你和你的朋友能严格遵从这两条戒律,你们的友谊之花将会真实而不朽,你们不仅要彼此团结,并且要团结在主的身边。[20]

是否只有被神创造且相互鼓励的基督教信仰者所享受的人类友谊,才是"真正意义上的"友谊的问题,也是一个类似"真正的苏格拉人"的问题。总而言之,确定彼此相爱并且能成为稳定和忠诚的朋友的异教徒、无神论者,及其他不同宗教的追随者,必定"不是真正意义上的"朋友,或者实际上是"并不友好的朋友"(敌人之间情况也是如此),是某种法律意义上的行为,因为他们会在分别犯下过错的情况下依然互相鼓励。当我们注意到如果人们在基督教友谊的界限之外依然爱着他们"并不友好的朋友"时,立刻就被引导进入某种自相矛盾的悖论中,接着他们听从了劝告去爱他们的敌人,那么情况就不仅仅只是诡辩了。

但是与敌人联系起来后，友谊的状况变得更为混乱复杂，因此奥古斯丁最终也不得不寻找解决这个问题的方法，因为神要求人们像爱自己的朋友一样爱自己的敌人，因此要把应该归于朋友而不能归于敌人的意味深长的边界变得模糊，似乎就只能依靠定义：这些是朋友，那些是敌人，其间必然存在某种根本性的区别。但是如果朋友和敌人两者都需要被爱，那么人们就必然要在这两种爱之间划出界线，并以各自不同的方式来对待："另外，那（也就是爱）如何能被朋友否认，哪怕只是起因于敌人的爱？然而对于敌人，这个爱的债务也需要小心谨慎地偿还；反之，对于朋友却要充满信心地予以报答。"[21]

人们必须遵守这些强加于自身的武断建议就是客观存在的困难。如果我们将《忏悔录》第四部中的论述表面所镀的那层神学意义的外衣剥去，显然就能看到奥古斯丁和西塞罗对他们所一致认同为真实世界生活核心之友谊的充满人情味的温暖描写，如"（和他）并肩促膝谈笑风生；水乳交融相敬如宾；一起愉快地博览群书；相伴悠闲地度着光阴；真诚恳切地以礼相待；虽偶有意见相左却从不恼羞成怒，如同一个人与自己和谐相处，甚至这些偶尔的意见不合也更加映衬出琴瑟和鸣之乐；有时谆谆教导，有时虚心接受；耐心等待离家者携欢愉而返……这也就是我们每个人都希望能从朋友身上所得到的喜爱之情……他将会从他人那里找寻证据来证明，除了他们曾有过的爱之外，别无他物。"[22]无论以任何标准来看，这些都是每当我们谈及友谊时必然有所意味的一部分。

奥古斯丁在其著作中没有提及，而阿奎那已经谈到的——如果要继续保持语句正确的话——都是有关极度不平等的人类之间友谊的问题：人类和神之间的友谊。友谊看起来应该被所有人视作涉及与假想中的宇宙创造者、主宰者和命令者似乎出人意料的正当关系，而且人类对待神的适当态度往往是崇拜、服从和恭顺，几乎和亲密无间没有任何关系，而且这实际上就是圣·托马斯·阿奎那就这个问题所抱持的观点。

我们首先要全面考量实际存在的这些困难。在亚里士多德看来，友谊的状态是平等的，并且需要双方当事人在行为和兴趣方面进行分享，然而平等及分享在人类与神的关系中都是不可能实现的。亚里士多德、西塞罗和奥古斯丁都认为朋友间彼此相互所寄予的信赖是友谊与众不同的互惠性特征，但是人类与神灵之间又有什么互惠性可言呢？比如说，即使是最圣洁忠诚的神灵追随者，他们能够信赖某种随时需要帮助的答复吗？友谊关系中较为柔弱的一方对神之特性愚昧无知，并且对神看待事物的角度和意图完全无知无觉，那么即使是阿奎那，又如何能以友谊之术语来思考并描绘人与神之间的关系呢？

然而阿奎那就从这些显得散乱不堪的地方着手，开始了相关主题的论述，他先是设置了自己的某些目标：他认为人类友谊为人—神关系提供了某种类比和参照，而且更进一步说，是为其提供了某种理念补给——根据阿奎那的观点，这种人—神关系无论如何都是完美的，其最终状态必然要趋向那种感觉直截了当的友谊。

阿奎那在其著作《神学总论》（Summa Theologica）中将友谊归类为组成某种幸福生活的物质之列。[23]幸福之人无须来自朋友的援助和欢愉，因为当他在其他方面拥有美德（除非他确实如此，不然就无法获得幸福),他就是自给自足,并且从对其美德的知觉中获得他所需要的乐趣。但是朋友其实也是必需的,人人都希望通过朋友来施行他所拥有的高尚而善良的行为,包括能够对他们展现自己的仁慈心怀。[24]

阿奎那就人们所能忍受的来自他人不同性质之爱所展开的剖析,基本上是遵循亚里士多德所认为的当事人出于自身目的而喜爱另一方,并渴望获得品质优秀的真诚友谊,这和以实用性和愉悦感受为考量基础的人际关系之间存在非常大的区别。[25]前者是友谊之爱,而后者则是贪欲之爱,这两种在现实生活中经常相互重叠的不同性质的爱是所有人类行为和情感的动机所在。[26]

善意和友谊之间,也就是博大的兄弟般的爱,即无条件之爱(agape)与有偏向和喜好的友谊之间,冲突的出现对阿奎那而言显然不是问题,尽管基督教信仰者每想到后者就苦恼不已。阿奎那或多或少就像奥古斯丁一样采取根据善意要求的强烈程度不同而区别对待的策略,不同的层级能够允许将不同喜好形式的善意聚集于只有一个或少数几个他人的情况,甚至在我们的"故乡",帕特里亚(patria),意指天堂,这种善意也能安然存在。[27]

善意的问题最早出现在《路加福音》(Luke)6:32的某些论断中,"你们若单爱那爱你们的人,有什么可酬谢的呢?就是罪人也爱那爱他们的人。"为了证实基督教信仰者的善意是人类友谊被慈悲之心提升到一个新高度的产物,阿奎那引用了《约翰福音》(John)15:15的话,"我不再称呼你为仆人……我唤你作朋友。"从这个角度来看,善意是人类在友谊方面以不完美的肉体方式所能达到的近乎完美和充满灵性意味的版本。[28]

从《约翰福音》中所引用的文字是否正好如实表达了阿奎那想要说明的一切尚不清楚,而他更多、更完整地从《约翰福音》第14～15小节引用的文字这样写道,"你们若遵行我所吩咐的,就是我的朋友了。以后我不再称你们为仆人,因仆人不知道主人所做的事。"如果事物的实际状况确实如此,那么就和"友谊"所具有的某种特殊意义上的适用特性更加不谋而合,但是这些从所有已得到共认之意义而言都不属于友谊范畴。

因此摆在阿奎那面前的仍然是一个更为艰巨的问题:假如亚里士多德所提出的友谊涉及投桃报李之爱这一必要条件,那么对待敌人的慈善如何能被算作某种类型的友谊呢?阿奎那针对这一问题的解决之道是提出了某种类似用来调和雅典和耶路撒冷矛盾的推理方式:阿奎那说人们通过一连串的言行举止将其对于朋友的爱最终送达敌人手上,从而间接地爱着自己的敌人,首先是我爱着你,而你去爱我所不爱的你的某个朋友,或者甚至你的那个朋友又在爱着其他某些人……依此类推,我的爱通过一连串媒介的传递而到达了我的敌人。[29]

同理,我们的敌人反过来也以同样非直接的方式来爱着我们。无论如何,所有的善意其实都把神当作爱的"正式对象,而不只是终极目标",当然这其中排除了进一步爱一位罪恶之人和敌对之人所存在的困难后,(可能间接地——或者又是一个不同性质的问题——出乎意料地)在某种意义上或许会宽恕造成如此结局的所有事物。[30]然而对于罪恶之人,这样做就显得极不合适,因为亚里士多德认为,人们应该只爱那些拥有美德之人,并且对任何能够被作为朋友来爱戴的人,首当其冲要考量他们所必备的名誉状况。人们如何可能爱上一位罪恶之人,进而又承认自己无法爱上所有的过错呢?这个问题再一次通过把神当作我们爱的"正式对象"的方式得以解决。因此我们在爱罪恶之人的过程中就是在爱着神,毕竟我们因此就如同在爱着某些品德高尚和值得尊敬的人物。

但这并没有解决神对我们之爱的问题,因为我们注定不是品德高尚或者值得尊敬的人物。如果品德高尚是我们值得被爱的必要条件,那么神又如何能爱我们呢?既然如此,我们明白神之爱我们是其自身高尚品德的必然结果,而并非缘于我们之品德高尚:他之爱我们使我们变得品德优秀,而他并不因为我们之优秀品德而爱我们。[31]

这种接二连三的循环诡辩展现了某种颇有趣味的言论,而且在亚里士多德派经验主义学者所认为的,适当自爱是成为他人好友的必要条件这一哲学观察基础上,额外增加了某种更为微妙的意味。阿奎那引用了《利未记》(Leviticus) 19:18 中的一句话:"爱人如己",并且在这句话的基础上导引出对"另一个自我"喻义的全新认知:如果我们不能成为自己的好友,又如何能成为他人的好友呢?如果我们没有对自我的尊重,又如何能期望朋友对我们表示尊重,并且在这种情况下如何能成为我们的朋友呢?这个全新的观点非常绝妙,尽管有时可能会把人带到某些极端之处:现在人们对其喻义有了更加符合现有标准的理解,诸如"因为我值得拥有"的转义就显示了自爱品质如何成为理所当然的理由,甚至无视他人的存在,尤其当人们不够幸运之时。我想自我尊重是一回事,而利己主义又是另一回事,古往今来的作者们往往对前者的思考多于后者。

然而作为一位以宗教视角来评价这种充满人情世故,却又显得如此必需和重要之友谊主题的评论者而言,面临的最根本的问题是整个评价过程中或许需要谈及某些美好的事物——显然就如同奥古斯丁当初遭遇的情况一样,他是一位具备强烈的人类激情并有着丰富情感体验的人,而这些美好的事物却又必须服从某些对其进行贬低的严苛教条。罗素(Russel)结合了阿奎那的思想基础对这个棘手的问题进行了有力的阐述:当问题的结论已经预先得出,或者至少有人知道其不得不与现成的结论保持一致,那么导致这些结论的争辩过程就是极度受限而微不足道的。[32]

然而当遵从教条变得再稀松平常不过时,追随者们必然得经历双重意义的精神生活:教条所说全归于教条,而人类本能的兴趣和需求却又在世间维护着另外的人生准则——就像当初罗马天主教徒和避孕的关系。友谊对于人类本质意义上的重要性引导人们独立于理论和教条之外去结交朋友,甚至进一步创造出一些与官方理论和教条不相一致的全新理论和教条。

综观所有基督教组织创建的关于友谊主题的互联网网站,不难发现某些耳熟能详的话语依然在广泛流传:朋友在必需时要相互帮助,共同分享生活中的欢乐和悲伤,互相信任,彼此宽容,分享各自的愿望和目标并相互鼓励以实现美好的梦想。[33]对他人之爱应该博大深远,不应该有所选择地只针对某个人而无视他人这种理念,对现代人而言不仅无法接受,甚至被认为从根本上无法成立,而且福音书中所教导的,如果我们真心想要跟随基督,就必须放弃所有金钱和财产,并像田野里的百合花一般,没有任何对来日的希冀,实际上也遭遇了同样的命运。信念最为坚定的、自始至终真诚守信的追随者们,往往被认为是那种盲目遵从宗教宣扬的主要经文为人行事的狂热信徒,当然如果每个人都成为十足的狂热信徒,人类生活将会变得难以忍受,但(或许仁慈地说)无论如何这种状况不会维持很长时间。

如果友谊概念所掺杂的道德神学观点被完全剥离,那么甚至对于虔诚的信徒而言,恐怕也难以看清造成其友谊关系的所有不同之处。然而这对于奥古斯丁关于友谊特性所阐述的石破天惊之解释有什么额外意义上的补充吗?奥古斯丁充满爱意地认为友谊当事人是被神灵带到了一起,就像是一场诸事均已安排妥当的婚礼一样。实际上奥古斯丁和阿奎那为此所付出的努力是必不可少的,因为完全世俗的现象对除非来自神否则没有优秀可言之理念必然会产生颠覆性影响的问题依然存在,因此也必然以某种错综复杂的辩论方式与其相谐相生,就如同乡下人(某些"异教徒"们)所信奉的神灵,必然会在其被信仰的范围内获得某种资格,这就像曾经广受欢迎的从远古时代流传下来的冬至日庆典活动最后也必然演变成了圣诞节。因此我们也了解到奥古斯丁和阿奎那各自所承负的使命之所在,同时与他们各自付出的努力进行比较后,或许会认为奥古斯丁对人类的贡献要高出一大截。

第五章
文艺复兴时期的友谊：最亲切的疗伤之药

每当面对在人类思想史上已根深蒂固的某些历史标签，我们应对的方式常常必然是发出事不关己的免责声明：被人为地集中在一起当作"文艺复兴时期"长达三个世纪或更长的时间，与任何其他未被贴上标签的长达三个世纪的时间一样，各自有着其内在的不同之处，而且其间模糊不清、难以区分的程度就像今天每每提起这段时间的名称时，必然要用大写字母书写来加以说明一样令人难以理解。同时我们必然关注其与前面谈及的中世纪中期之间所存在的对比，"中世纪"是彼德拉克（Petrarch）选择来为之命名的称呼，彼德拉克是文艺复兴时期声名远扬的神父之一，这也意味着他所亲眼目睹的一切将其生活其中的时代和一个把肉体形式的生活看作"眼泪之谷"的世界进行了严格的区分，那个被称作"眼泪之谷"的世界也是一个阴森黑暗而且充满危险，同时又为那些尽己所能忍受着灵魂中罪恶污点的人们带来希望和幸福的候客室。这种中世纪的文学著作就像舍弃世界（contemptus mundi）流派关于如何生活的主题一样，预示着魔鬼和他的宠臣随时潜伏着等待每一个时机——甚至就在打喷嚏的瞬间！——把你的灵魂拖向永恒的毁灭之中。

然而这令人厌恶的视角——其上部哥特式教堂所展现的飞升之美直指苍穹，似乎意欲从地球的污秽中展翅而去，向上飞升——却被此时此地文艺复兴时期为生命而欢呼的庆典仪式所全盘取代。中世纪的文化艺术所展现的是不屈不挠，但无比残酷的宗教主题，其最快乐的表现形式是没完没了地对代表遗忘，或更有可能的是对象征压抑的记忆女神的继任者肖像进行反复研究，也就是圣母像[1]——或者还包括这一系列肖像的序幕篇，所谓的报喜者主题。但是其大多数的表现形式还是描绘鞭笞、刑罚、宣誓作证、埋葬、在十字架上或脚下受苦、地狱的情景以及专门设计用来恐吓观众的痛苦之源[2]，偶尔出现额外赠送的表现更加积极意义的耶稣复活和升天的场面。

相比较而言，文艺复兴时期的艺术带给大家的是自然风光和野炊的场景、普通人（当然是那些生活富有且有权势的人，但并非圣人）的肖像、静物画、神话主题、性爱主题、裸体、战争场面、动物、取材于《圣经》和文学故事中表现人类生活和命运的范围更广的叙事主题，以及其他更多的内容。与绘画艺术同时出现的还有诗歌和音乐，以及结合实际生活经验，为人们提供更宽大住宅的建筑艺术的革新、对科学和哲学调查研究的重新开展、文学素养的提高和旅行的推广。实际上，当时葡萄牙探险家的航海之行就曾掀起了全球一体化的序幕。所有这些事物被直接激发并茁壮成长，或者说传统的古典文化再度焕发光彩，几个世纪以来的宗教统治试图掩盖，以及在许多情况下极力消灭的生命态度和实践重新获得了新生。

与彼德拉克同处一个时代，也是其朋友之一的乔万尼·薄伽丘就站在了文艺复兴时期的前端，他在代表作《十日谈》（*Decameron*）中第十日有关提图斯（Titus）和吉西普斯（Gisippus）的故事的末尾处这样写道：

> 因此友谊成为世间最为神圣的事物，不仅值得人们致以高于一切常理的崇敬之心，而且配得上任何与日月同辉的永恒赞美，它可以被当作言行最为谨慎的胸怀宽广、值得敬重仰慕的母亲，也可以被当作心怀感恩且慈善宽容的姐妹，甚至是苦大仇深且贪婪无度的敌人。它做好随时应对的准备，无须等待任何人请求，品性正直地自愿为他人完成其可能会为自己做的一切善行。在今天的社会中已经很少看到盘桓在个体之间的友谊之情所结出的神圣不可侵犯的庄严果实，因为根深蒂固的人性缺点和卑鄙贪婪的无耻行径已经蒙蔽了人们的双眼，只能看到自己的利益和得失，因此友谊已然被驱逐出世界的尽头，离乡背井地流浪于永恒缥缈之地而无处安身。[3]

这个故事本身，以及这段感人肺腑的结束语，都无法唤起任何宗教意义上的解释和赞许。这段话是在阿奎那就友谊主题展开论述一个世纪后所写就的，但始终未获得基督教或别的宗教体系的支持，也就是说，从当时的人们和今天的我们所共同认可的角度而言，这段话所透露出的某种情怀与人文主义思想特点在一定程度上再一次不谋而合。

但无论如何,这个良好开端为人们带来了崭新的希望,文艺复兴时期歌颂和赞美当时作为时代主流价值的世俗意义之友谊主题的范例比比皆是,然而大量可供参考借鉴的友谊案例或许都不可避免地只涉及当事人间的互动关系,而且更为不可思议的是,所有范例几乎都涉及对亚里士多德值得争辩之言论的重复,也就是他所认为的彼此之间至少应该明确各自关于朋友的定义,即"另一个自我"的观点。[4]对这一观点随处可见的引用和例证几乎使其成为文艺复兴时期的陈规陋习,然而这种现实状况对当时风行一时的所谓"文艺复兴时期友谊研究"的品质和兴趣的增加,并没有产生太大的影响,而"文艺复兴时期友谊研究"是克里斯托弗·马洛(Christopher Marlowe)在其对友谊这一主题进行研究过程中所注释和命名的,并且他还解释说,从这个维度来看,"文艺复兴时期友谊研究"为进一步的跨学科研究创造了机会。[5]玩世不恭者或许会认为,那些希望在此领域寻找全新研究方向的专业学者们已经发展、并形成了某种扭曲失真而且拖沓冗长的写作方式,他们为了达到给他人留下一本正经的学术印象而肆意假定和推测,虽然论述中充满高深玄奥的意味且相当具有独创性,但对于展现事物的真相毫无助益,也就是说事情虽然如此,但从中并不能得到任何的帮助,因为柏拉图的《吕西斯篇》、亚里士多德的《尼各马可伦理学》和西塞罗的"论友谊"几乎都是他们论述中必然要参考的文章,而且"另一个自我"的论断也成为每篇文章中的重要引用语,若是明白了这一点也就明白了一切,同时在实践中,"朋友"之理念在功能意义上的身份,如助手、同事、支持者、同族者和其他"因为没有反对意见而成为我们阵营之一员的人"等等,进一步说明了"朋友"在文学和哲学意义上仍然保持着其在那些传统文字中所体现的理想化概念,并无太大变化,并且作为某种矫揉造作的虚假装饰,被研究者们引入了所谓专业化的论述中,例如在某些神志清醒者的文学信件所使用的流传广泛之话语中,人们一目了然地看到,书写者和收信人双方的感觉都静静地蜷伏在某些充满激情的专业术语中。

散布和传播朋友即自我的化身(amicus alter ipse)这一哲学喻义最关键的时刻,是约翰·蒂普托夫特(John Tiptoft)于1481年为卡克斯顿出版社(Caxton)翻译的西塞罗巨著"论友谊"。[6]伊拉兹马斯(Erasmus)的学说——发表在1500年所著的《杂录》(*Collectanea*)和1508年所著的 *Adagiorum Chiliades* 上——在16世纪曾风靡一时,其中的大量主题都与友谊相关,虽然文章表面形式各有不同,但核心内容还是在反复述说传统意义上的经典理念,如"朋友是另一个自我"、"友谊是平等的"以及"朋友所拥有的一切都是双方共同的财物"等等,然而这些往往都只是表现在言辞上的虚饰。伊拉兹马斯本人和托马斯·莫尔爵士(Sir Thomas More)以及汉斯·荷尔拜因(HansHolbein)共同分享着名垂青史的传世友情,他甚至曾经以"友谊"(Amicitia)为名写过一本对话录体的文章,虽然就像动物本能意义上的同情和厌恶反应密不可分一样(例如蜥蜴痛恨蛇),这些理念对人类友谊几乎没有拓展出任何更为广阔的空间。然而伊拉兹马斯从中所总结的最大经验就是,喜欢和厌恶的反应是人类某些无法理解、又无法说清的本能意义上的反应,因此人们必然会从那些"对其有偏爱倾向的人群"中寻找朋友,而且没有任何一条理由能占据绝对优势。[7]

"另一个自我"之喻义几乎在每一个可圈可点的著名经典中都有过惊鸿一瞥。托马斯·埃利奥特（Thomas Elyot）在其著作《统治者之书》(*The Book Named The Governour*)中写道："一位朋友恰好是名为另一个自我的哲学家"，理查·塔弗诺（Richard Taverner）在其作品《智慧花园》(*The Garden of Wysdom*)中曾宣称，当亚里士多德被问及"朋友是什么？他回答说是存在于两具肉体之上的一个灵魂"，尼古拉·格里马第（Nicholas Grimald）所创作的《陶特尔杂集》(*Tottel's Miscellany*)中有一首诗有这样的句子，"注视着你的朋友，就像他用自己的方式注视着自己；一个灵魂，看上去是如此的妙不可言，他在两个身体中互相对视。"[8]

当然情况还在一如既往地继续着，直到16世纪80年代，才名副其实地出现了有关友谊主题的作品层出不穷的高峰现象，其中就包括沃尔特·多克（Walter Dorke）1589年写的《友谊的类型和景象：生命的活力何在，简要地说就存在于真正完美的朋友所拥有的健全恰当的特征和属性中》、托马斯·丘奇亚德（Thomas Churchyard）1588年写的《友谊的火花和温暖的善意：体现了真实情感的效果，并展现了这个世界的美好》，以及托马斯·布莱梅（Thomas Breme）1584年写的《友谊的镜子：如何了解和选择一个完美的朋友》。[9]设想一下，上述任意一篇文章都没有就友谊主题进行令人叹为观止的全新洞察，而且其中明显存在对他人陈旧观念的反复循环的引用——当然也包括伊拉兹马斯等古代圣贤。这些一而再、再而三，永不休止被重复的观点就是"另一个自我"、"平等"和"共同拥有的事物"，而且所有人都达成一致的观念，还包括友谊之"甜蜜交流"是一种能给人带来

"安慰"的"最亲切的疗愈之药"。[10]

在这个过程中，人们很容易便受到启发般地开始将目光转向莎士比亚和其他剧作家们，以期通过他们找寻一扇能与时俱进地透视友谊概念之全新面貌的窗口。简单地设想——但必须切中主题地——并举个例子，就像《雅典的泰门》(Timon of Athens)这部作品，它所描写的不仅仅是某种虚伪友谊主题的故事，还有其显而易见的令人失望的消极影响。泰门付出一切，却没能得到相应回报的情节，并不是这部作品的关键所在，甚至泰门确实没有得到回报的悲剧性结局也无关紧要，因为具体问题具体对待的互惠主义观点并非必定会成为必然。然而问题的关键在于，即使他自己没有任何需求，也从来没有拒绝过任何事情，而当他自己有需要时，却被断然拒绝。友谊被设想的与相互承诺相关的不讲道义、背叛行为和毁灭性过失，激发了泰门反对人类的愤怒之情，并为其不断累积而肆虐成灾奠定了基础。泰门这个角色，尽管有其诸多可疑之处，首先是恣意挥霍的荒唐行为，其次是只被部分人背叛却憎恨所有人类这种以偏概全的固执和极端，尽管如此，这些可疑之处也给后来威廉·赫兹里特（William Hazlitt）的评论留下了极其有趣的陷阱：在整部作品中，莎士比亚似乎自始至终毫不动摇地表现出非常真诚恳切的态度，因为故事的关键就在那些虚情假意的朋友们对泰门所做的一切，其中必须先有一个友谊和谎言产生对立的前提：友谊至少就是或者应该是关于亲密、帮助、信任以及维护双方默认契约的行为。然而泰门实际上却没有获得上述任何一条与友谊相关的行为反应，这也就是他被击倒的原因所在。

除此之外，还有两篇显得杂乱无序的关于友谊的文章经历了那段历史并幸存下来,并且成为今天那些接受过正规教育的人们必须阅读的作品,而且都是由于其他原因而闻名于世的作者在文艺复兴晚期完成的作品,这两部作品就是蒙田和培根的随笔,分别冠名为"Of Friendship"(论友谊)和"On Friendship"(论友谊)。这两部关于友谊主题的随笔散文内容都非常充实,但风格却迥然相异。蒙田在作品中所关注的是他与已故好友拉博埃西(Etienne de La Boetie)之间非同寻常的感情经历,这是一段不同于普通友谊,而且在现实生活中非常少见的、无法轻易经历的情感体验——但尽管如此,蒙田在写作这部作品时甚至也无法摆脱已然沦为大众传染病的陈旧观念的影响:他认为友谊"依据亚里士多德的准确定义,是生活在两具肉体上的一个灵魂"。但是他对于已逝朋友的情感是如此美好而伟大,以至于他声称再也无法找到与这段古老而神秘的伟大友谊成分相似之物,并且似乎感觉到那段友情甚至已经超越了所有这一切。

然而培根的随笔文章相对蒙田而言,在体现出内容充实和观察仔细特点的同时,还有针对性地讨论了友谊究竟得出了什么结果的问题——按培根的称呼,也就是友谊之"果实"。两篇随笔文章因为各自作者的不同性情和写作目的而风格迥异,蒙田描写的更多是其私人感情经历,而培根则把自己看作是全人类的教育者加以劝勉,总之他们的最大区别就在于传播理念过程中所表现出的主观性与客观性各有侧重的不同动机。[11]

蒙田所著的"论友谊"一篇发表在他的第二部随笔集中,并且与第一部一起于1580年印刷出版,而另一篇随笔"论关系的三种形式"却出现在他的第三部随笔集中,直到1588年才出版发行,并且在后一篇谈及友谊的随笔文章中明显不像在"论友谊"中所表现的那样独树一帜。实际上,蒙田在字里行间对自己过于刻板而无法享受与周遭人群轻松随意的生活表露出了某种遗憾,其实他也体会到与那些生活在他周围,包括木匠和园丁在内的所有社会阶层的人之间,从相识到相知的过程应该也充满各种乐趣,甚至他从心底对那些能够与所有人随意交流的人们怀有艳羡之情。[12]

意识到与自己相伴一生但必然会逐步退去的风度和举止,或许会令其慢慢丧失对许多事物的善意,蒙田开始声称,既然如此,自己"仍然具备获得并维护稀有且值得赞颂之友谊的极好天资。自从我非常急切地想要抓住任何确实非常喜欢、并享受其中的熟人关系,我已经在这方面取得了很大的进步,同时也急切地冲向这种人际的互动中,我几乎对所有能打动我的都亲身贴近并留下深刻印象,并常常得到这方面的快乐印证和积极反馈。"[13]当蒙田拐弯抹角地说到自己年轻时与拉博埃西之间伟大美好的友谊时,他认为自己所了解的友谊是"为相互的陪伴而来,而不是像牧人放牧那样"(在此他引用了普鲁塔克的言论),并且他不能容忍那些当事人没有全身心付出的不够完美、过于平庸的友谊。[14]

在批评自己不能恰当处理与人轻松随意地熟悉和交往的同时,蒙田也批评柏拉图所说的主人就应该有主人的样子,而绝不应该对待他的仆人就像对待某位熟人一般这样的观点。蒙田之所以值得尊敬的理由,是他认为"把重心过多地放在获得财富特权的机会上是不人性和不公正的行为"。[15]但这不是贵族阶级所谓的施恩行为,更谈不上是友谊;这是伟大而单纯的善行,也就是人道主义行为。其反过来也启发人们回想起曾经谈到过的投向所有他人的善意,也就是人与人之间的人道主义行为,和我们对朋友特殊需求之间触手可及的区别所在。蒙田在后来的随笔文章中采用了比亚里士多德更为宽容的方式描写了这种存在于朋友之间的需求,或许某些更加热衷于亚里士多德的狂热追随者们会给予赞同的目光。

蒙田想要表达的观点是实事求是的,尽管文章开始时似乎在提出某种需求。"我在寻找的成员间交往亲密的社会团体,是由那些具有良好教养和出众才华的人所组成的,这样的想法让我对其他人群不免产生了厌恶之情,如果说要经过深思熟虑方能描述的话,我所向往的人群是那种世上罕见的、对自然中存在的每一件事物都满怀感激之情的人。"[16]他所说的是对自然满怀感激,因此便与教育无关,在此最好将他所说的"良好教养"理解为并非某种自然所给予的馈赠,人们常常称赞某些善良高贵的人为"生就的名门世家",但这可能又是另外一回事了。蒙田或许已经发现,在他家的园丁中他也找到了这种对自然满怀感激之人,但在这篇文章中他们并没有和他并肩坐在藏书室的火炉旁叙谈。

"我们之间互动的目的,"蒙田继续写道,"只是非常单纯意义上的深入了解、彼此熟悉和相互交谈,我们唯一的收获是头脑层次上的运动。我们在交流过程中的话题非常接近和相似,因此我根本无须关心这种谈话是否有足够的深度和广度,他们常常表现出自己独有的非凡魅力,并且谈话的内容一直紧扣主题。"[17]相互间的这种互动过程之所以如此美好,究其原因,是互动双方将"善良、正直、快乐和友谊"调和成充分发展成熟的判断力,并迎面相逢而获得满足。人们可能难以弄清才华横溢的罕见对话者在讨论某些话题时，是否无须"深度和广度"为何会成为无关紧要的问题，但是其系统且公式化的表述和阐释方式却常常把人们引入歧途。在刚刚开始写作随笔时，蒙田便规劝那些迂腐之人，与其戴上面具进行掩饰，不如使用那些唬人的词语和知性的奇思妙喻去阐明自己的兴趣所在。[18] 在此他认为学习只是谈话的一部分，如果这种谈话不是"以教训人的口吻进行训斥，显得傲慢无礼并且无聊透顶，就像通常所见到的情况那样，准备好要开一个专题讲座，而只是像我们一样共同消磨和打发着时光。"[19] 然而问题的关键是有些人往往以谈话对象的个人品质为依据来选择性地进行交流，那么和这些人之间所展开谈话的价值就要以这样的方式加以保证："具有良好教养之人的头脑，对人类生存世界的各种情况了如指掌，他们独自一人就能够达成足够和蔼和愉悦的状态，艺术就是唯一能记载这样的头脑所进行的工作过程的方式，而且是不可取代的。"[20]

为了清晰地描述朋友究竟意味着什么，以及在友谊中应该放弃什么，超越早先已闻名遐迩的理性分析而寻找对这一问题更为适当解释的讨论便迫在眉睫，并且马上就要拉开序幕。其缘由推测起来，或许是因为蒙田本人不希望再次经历这样一段友谊，因此便设置了一个再也无法超越的美好规范——这一次是不让最好的驱逐了优秀的案例。其无须强调的核心理念和普鲁塔克所持的观点几乎如出一辙，那就是要认真且有选择性地交朋友，而且友谊所带来的好处应该就是君子之交淡如水，但却依然能说服人们如此去结交朋友。

这场声势浩大的讨论仍然在留下多少使人愁思百结的记录中宣告结束。蒙田随笔文章标题中所提及的三种关系类型即建立在男性伙伴之间的友谊，和维系在男女之间的性关系（他在离开人世时这样说道，"我宁愿带着美人而不是美德上床"），以及展现在人与书籍之间的喜爱。蒙田认为友谊"稀有罕见至极，几乎到了令每个身在其间之人感到失望的地步"，男女之间在性关系基础上的风流韵事必然难逃"随着岁月一起凋谢"的命运，而唯一真正能长久维持且令人欣慰的关系是人对书籍的喜爱。[21]蒙田紧接着在文章中叙述了关于他和自己的藏书室之间充满无限欢愉、令人陶醉的趣事。

蒙田的"论友谊"是一篇与众不同且叙述风格较为热情激烈的作品，其最初是作为蒙田打算为好友拉博埃西编辑出版的论文而写的前言，拉博埃西所著的这篇论文名为"论自愿的奴役"（Discourse on the Voluntary Servitude）（也叫"抗议"，The Protest）。但是在这篇作为前言的随笔文章还未正式出版发行之前，就被胡格诺派教徒（Huguenots）用在了别的地方。在当时席卷法国的欧洲宗教改革运动中，胡格诺派教徒为了保卫自身免受灭顶之灾，而将这篇文章作为战争中的宣传材料投入印刷，并因此阴差阳错地得以与世人见面。尽管本人对宗教和平目标怀着深深的同情之心，蒙田——他本人从外表看来像是严格遵守教规的基督教徒，但内心却对他所信奉的宗教一直保持某种怀疑的态度——当然不愿意无端卷入这场宗教派别的纠纷之中，最后蒙田取而代之将这篇随笔作为拉博埃西后来所写的许多首诗歌结集本的序言出版。

拉博埃西所发表的论文主要论述了两个方面的问题：其一是分析了暴君如何获得并保持权力，其二是证明了真正的权力实际上掌握在人民手中，而且只要人民愿意，则无须通过任何暴力行动就能获得权力。正如这篇文章的题目所暗示的那样，拉博埃西认为人们接受了自身的奴隶状态，致使暴君的主题比暴君本身更让人感到困惑。在当时的时代和环境下，这篇文章具有某种潜在的煽动性，而且被胡格诺派教徒出于战争目的采纳并作为宣传材料，更加重了这种特性。拉博埃西自己本人是基督教信仰者，但作为地方法官的他在文章中，不知疲倦地企图在自己司法管辖权所辖范围内的教堂（虽然有的村庄只有一座教堂）保持宗教派别之间的和平，或者说在各自合法的宣教时间段维护对各自劝诫之语的敬仰和崇拜。1571年1月，对胡格诺派教徒宽容处置的法令正式颁布，拉博埃西对此满心喜悦地表示欢迎。

可叹的是拉博埃西不能永远生活在这个世界上。就在他和蒙田前后历经四年时间、浅尝辄止地啜饮了精彩热烈的友谊之甘泉后，拉博埃西不幸身染重疾，并在33岁正值青春之际飘然离世。蒙田只比拉博埃西年轻两岁，当时也正在担任着地方法官一职，其实他们在真正面对面相遇很久之前就听说过对方的名字。蒙田甚至还读过拉博埃西所著的《论自愿的奴役》这本小册子，并且给予了很高的评价，这篇文章当时曾经以手抄本的形式"在理解能力很强的人群中"相互传阅。[22]然而他们的相遇似乎命中注定是为友谊而来，两个人无法抗拒地被命运拉到了一起，不可思议地很快就相互吸引并心意相通。"我们的第一次相遇，记得那是在一次很偶然的大型公共酒宴和聚会上，我们发现彼此对对方是如此的着迷、互相熟悉且互相依赖，从那时起，就再也没有任何人能像我们那样亲密无间。"[23]

尽管他们的兴趣和观点非常一致，但是深厚友谊建立的先决条件还是来自于彼此间的深入了解——以及对彼此所认知一切的相互赞同,甚至这种了解和赞同在真正遇见很久之前就已经开始了。因此蒙田只能这样回应,"如果任何人非要我说清我为何会如此喜爱他,我想除了这样来答复他们外,别无可言:正因为是他,也正因为是我。"在蒙田看来,这个问题还需要这样加以强调:

> (这样的)友谊只能如其本然,无法参考任何范本,只能自我对照。它的到来除了唯一特别的理由外,没有其二、其三或其四,更没有其他成千上万的根由。那是一股包括我全部心愿在内的所有一切混合而成的不可思议之玄妙精髓,像涓涓细流般被引导、流入并溶解在他的灵魂中;也是一股包括他全部心愿在内的所有一切混合而成的不可思议之玄妙精髓,像涓涓细流般被引导、流入并溶解在我的灵魂中。我会真诚地说那是一种迷失(lose),因为它所留下的是只属于我们自己的所有,既不是他的,也不是我的。[24]

他们相互间感受到的这种美好且意味深长、仿佛被某种命中注定的缘分所召唤的心理状态是如此亲密难分,就如同"另一个自我"典范所带来的感觉一样。蒙田声称自己对挚友内在的意图和意见能有某种完全确定的心灵感应,并且也能理解他所有行为背后的动机,因为"我们的灵魂和谐一致地携手同行,我们能感觉到彼此间如此强烈的情感,并且带着相同的情感深入对方的心里看清每一个角落,我不仅了解他,同样也了解我自己,而且能很有把握地认为信任他比相信我自己更加无所顾忌。"[25]

蒙田坚信普通友谊无法与他和拉博埃西之间的友情相比较,因为

88　普通意义上的友谊需要依靠相互之间的帮助和热情来维持。但是在完整美好到如同一个联合体般的友谊关系中,存在这种想法是很不恰当的,就像人之常情,人们不会为提供给自己的服务而感激涕零,或者说通常对自己的喜爱要多于他人,那么在他和拉博埃西之间友谊中隐含的"分歧和不同"所意味的问题也就不成问题,这些词语中自然包括"利益、义务、感激、要求和谢意"——只不过他们不会使用这些词语罢了。[26]

在着手准备描写"如此圆满且完美的友谊"时,蒙田调查了可以与之媲美的各种亲密关系类型。首先,对人类来说希望加入他人的团队是情理之中的事,这也是亚里士多德之所以说政治家对友谊关系中的公正不如对关系的培养更有兴趣,因为一个完美的团体就是通过友谊将所有身在团体中的人联系在一起的。然而友谊必然有其自身目的,因为以获得愉悦、利益或者某些其他好处为前提的关系是不够高尚和健康的——并且因为这种不足,所以其从根本上来说就谈不上是恰当的友谊。[27]

蒙田说有些人会把家庭关系比作最高尚形式的友谊,但他并不认同这个观点。孩子对父母的情感是某种尊敬,而不能被称作友谊,因为友谊是被"熟悉的内在互动关系"所滋养且需要某种平等的身份、年龄和知识体系的人际关系类型,而亲子关系中缺乏这种自然的特性,父母不能做到向孩子吐露内心深处的个人思想,并且孩子也不能劝告他们的父母——因为劝说和告诫只能是朋友之间的首要责任,蒙田如此认为——这些特点注定了友谊关系不同于家庭关系因而得到人们更多重视的原则问题。[28]

其实兄弟姐妹关系的情况也是如此,尽管"兄弟之名其实是一种异常美好且极具感染力的关系",但依然存在许多原因(如遗传、竞争和冲突等)而相互密谋策划,以致削弱甚至破坏了这种联结关系。尽管为什么存在于兄弟之间最美好的友谊,应该需要和谐一致的基础这个问题没有什么明显可见的理由,但是父母和兄弟姐妹与其他无干系人相比存在很多不同之处,并且在现实生活的案例中,家庭成员相互之间最终难以和谐相处的情况时有发生,这似乎已经是司空见惯的事了。[29]

家庭联结是某种强加于人却又义不容辞的不公平责任已然成为不争的事实,家庭成员之间不能在互惠互利的原则基础上进行自由选择,而只能听天由命地误打误撞,然而我们自由的意愿"能产生的除了友谊和喜爱之情外,没有任何更为恰当的情感"。[30]

蒙田并不认为男性与女性之间存在真正意义上的友谊,两性之间的关系是"以肉欲为基础的,并以达到欲望满足的程度为目的",然而友谊能被欢愉提升,而不是被欢愉满足,因为友谊不是与肉体相关,而是与精神相关的事物。[31]因此他也假装对同性恋关系,"被希腊人认可的可供替代的备选之物",表现出蹙眉不悦的态度,但当这种关系发生在更为高贵的心灵之间时,也就是男人和男孩之间的同性关系,却被认为是有益健康的,因为男人能够给予男孩:

> 哲学意义上的人生指导;虔诚地尊神敬佛和遵纪守法的经验教训;为国家利益赴死的鼓励;勇猛、智慧、公正以及学会如何让自己在身体久已凋零时,因美丽迷人的头脑而成为合心合意之

爱人的范例，并且希望通过这种精神上的同志友谊建立更强大、更持久的共同体。[32]

90　蒙田所给出的这个解释中的两部分内容是相互扭曲和矛盾的，一方面，他所说的关于自己和拉博埃西之间的友谊是令人感动的，也是对朋友是"另一个自我"可能确有涉及的寓意之最美好体现。另一方面，他不得不谈到的其他内容却又让人难以接受，他不仅没有清晰说明为何最美好、最崇高类型的友谊不可能超越性别，而且当孩子长大后也难以在他们和父母之间建立友谊。其实友谊无须取代其他关系，这也是为何恋人和兄弟姐妹在成为恋人和兄弟姐妹的同时仍能成为朋友的原因。

当代灵敏的情感触角让人们进而发现这种"得到希腊人广泛认同的"恋童关系，因为比某些主流人际关系有更多的理论依据而显得疑问重重。我们真的需要"虔诚地尊神敬佛和遵纪守法的经验教训和……为国家利益赴死的鼓励"吗？甚至在可能有理由对部分条款加以改变，以使其趋向更为完美的情况下，我们真正想要毫无异议地"遵纪守法"吗？

如果说蒙田所给出的这个解释中的两部分内容是相互扭曲和矛盾的，也就是说他没有必要为自己与拉博埃西之间所达成的友谊关系而大为庆贺，那么另一种类型的关系，其中有些可能会涉及友谊，就不得不被降级处置。这个想法存在着某种非常重要的暗示：我们或许需要某种类型的关系，但并不都是友谊，而且也并不是所有的友谊都必须具备最崇高的品质和最强烈的激情，但人与人之间的关系必将陪我们度过漫漫人生。蒙田所描写的他和拉博埃西之间那种一见钟情般的感受是难以言表的，但可以确定的是，所有的关系都是由先行的体验堆积而慢慢促成的，并且从中或许能找到现成的解释。如果是这样，其中也必然包括与可能会发展成的友谊关系对比后，不甚合心意的某种关系类型。

培根认为所有那些声称喜欢独处之人要么是神，要么是野兽的人，设法用极少的几句话将许多真理和非真理打包混淆在一起。然而实际上某些不愿意成群结队之人身上肯定有野兽所具有的某种特性，也有一些人出于沉思冥想或自我成长的目的而追寻独处的机会，他们不是神，而只是人。培根称赞一些生活在教堂的哲学家和隐士们是出类拔萃之人，但是他们的独处并非真正意义上的独处，只是因为他们不喜欢与他人相伴，真正的独处只有那些没有朋友的人们才能体验，对他们来说这个世界荒芜一片。[33]

或许可以从"真正的独处"这个短语开始，培根认为其意味着某种孤独感，更进一步说，就是沉浸在孤独的感觉之中，同时也提醒我们需要分清并正确理解独处的真正含义，通常独处是指希望他人身体不在场的状态，而孤独是对他人缺席心灵的期待（一个人在人群中也能感受到孤独）。从这个意义上来说，独处是美好的，人们偶尔需要大量独处的时间，而孤独就人类所拥有的基本社会特性而言，肯定是有害无益的，培根所说的"真正的独处"相应地也应该被解释为"孤独"，因为孤独才使这个世界一片荒芜。

培根说，"友谊的主要功能是对被所有形式的激情引起和诱发，而处于饱足或胀满状态的心灵的缓和与释放。"对于受到压制的心灵来说，唯一有效的解药就是朋友，他们能够带给人以"悲伤、欢乐、恐惧、希望、猜疑和忠告"的感受——而不像（他敏锐地观察到）某种非宗教意义上的"忏悔和告解"所能做的那样。[34] 培根甚至还注意到某些伟大的最高统治者，出于对他们自身安全考虑而采取冒险行为，急切地希望拥有属于自己时代的，能够控制和支配"最喜欢的宠臣"或者"共同获益的私交"之流的所谓术语学，但是罗马人却为这些人取了一个更加浅显易懂、且意义不言自明的名字，即所谓的分忧者（participes curarum）——那些能分担忧愁并相互关心之人。[35] 培根以伟大的罗马人为例解释了这一现象，那些罗马人虽然生活在人口众多的大家庭，但在众多的家庭成员中，却没有人能吸引他们选择去靠近，并且从相互的关系中获得"友谊之抚慰"。[36] 培根认为所有这一切事实都证明了他所观察到的真相：那些没有朋友的人都是一些蚕食自己内心的怪物，因为他们无法卸下自己内心的重担，并诚实地面对与他人的关系。

因此培根认为友谊之第一大功能就是带给人们情绪和情感上的深切体验，从而关注自身的欢乐和悲伤。当我们能够将自己的欢乐诉诸朋友而共同分享，那么那种欢乐的感受将会变得更加强烈和持久，而当我们把自己的悲伤悄悄向那些充满同情心的朋友耳畔低声诉说，他们也就能够帮我们分担一部分重担。[37]

正如友谊之第一大功能对人们的情感体验有所助益，其第二大功能则有利于人们思维逻辑领悟力的健康发展。"其实友谊带着人们冲出狂风暴雨并带来深情款款且晴朗美好的一天，而且友谊让人在每个穿过黑夜的白昼都沉浸于用心体会充斥于头脑之中的混乱思考。"因为人们通过观念的辩论、思想的整理、语句的转换和相互的交流，于是"仿佛为自己蒙上了一层更为睿智博思的光芒，并且与朋友一个小时的谈话交流比独自一天的沉思默想所起到的效果更加明显"。[38]这个理念多么真实可信啊！

然而友谊这两大功能所带来的收益却是次要的，最为重要的是可以获得那些从内心对你感兴趣，并且希望你在友谊关系中不断成长的人所给予的高明建议。"朋友所给出的建议往往与自己的想法大相径庭，就好像朋友们的意见不同于某些刻意奉承者的迎合之言一样。因为世上再也没有比自己更加懂得阿谀的奉承者，并且再也找不到比来自朋友的冒犯更能纠正对自己的刻意奉承。"我们或许常常会充满理性地告诫自己，或许也会通过阅读众多的书籍来提升自身的精神素养，但任何事物都无法与我们心知肚明的那些关心并渴望给予我们帮助的人所提出的忠告同日而语。[39]

因此友谊之第一大功能是体验"情感上的宁静"，第二大功能则是提供"建议上的支持"，最后"就像成熟的石榴内心装满无数饱满多汁的果粒一样，那些交流后的思想凝结而成的生命精髓"也成为朋友间在各种不同的互动关系中，以各种不同的方式相互给予对方的帮助和支持。培根到此为止还主张并赞成先贤们所抱持的"朋友是另一个自我"的观点，因为朋友远远胜过自己。如果某人生育了一群孩子后不幸离世，他把孩子们留下来交给朋友照顾和抚养，那么可以这么说，他将通过朋友的身体而继续在世间生活，并承担着亲手抚育孩子的义务。如果他自己的身体因为死亡而被限制在他处，并且随之也将某些与他的身体相关的东西带到了那里，而他的朋友用自己的身体代替他做了本来该他做的一切,那么也可以说他从此便拥有了两个身体。依此类推,因为在朋友们的帮助下,他把一个自我繁殖成为许多个自我,这也就说明了朋友远远胜过另一个自我。[40]

当然还有更多的问题需要面对。一个人如何能轻而易举地谈起自己的是非曲直呢?那些有关功过得失的事实真相"通过自己的嘴说出来会让人感到惭愧",然而通过朋友的嘴却让人听起来感觉优雅万分。人们或许不能做到只是简单地以父亲的身份和儿子侃侃而谈,或者只是单纯以丈夫的名义和妻子促膝谈心,但是他却可以在需要时和他的朋友谈笑风生。"这样的事例要列举起来是无穷尽的,"培根说,"我已经总结出了其中的准则,任何人都不可能恰如其分地发挥自己的作用,如果他没有朋友,那么他就将永远退出这个人生舞台。"[41]

这就是培根在其观察过程中所发现的常识意义上的优点和所谓真相,与前面几页所谈到的问题相比,这个观察结果之要旨中,最值得注意的是其实用主义的观点及方法,以及没有丝毫言过其实的情绪化和理想化。然而通过这种简洁而准确的表述方式,对友谊如何会变成这种状态所进行的丝丝入扣的解释,却牢牢抓住了友谊增益人生的感觉。培根采用这种方式写作,或许是因为,他所生活的年代正处在由文艺复兴时期迈向实证科学阶段之黎明曙光的关键时刻,而且他自己对这种具有划时代意义的改变的到来所作出的贡献,也是有目共睹、可圈可点的。

如果某人想要从迄今为止的各种原始资料所提供的历史依据中,选择最令人满意的探究和分析友谊的案例,那么拥有非凡魅力的培根和从神学角度谨慎思辨的奥古斯丁将强而有力地毛遂自荐,并展现在世人面前。他们的作品中表现出了面对现实世界所必需的实用性和成熟性，并且娓娓道来地讲述了那些既善于珍惜生命、过好生活，又善于面对生活、思考生命的伟大思想者之生平故事，其实从他们的角度看来，人们是通过他们的作品与某些经历和真相不期而遇的。

第六章
从启蒙运动回到罗马共和国：
相互平等的爱和尊重

如果把漫长的历史进程按时间维度切成许许多多的片段，那么在每个时间片段上都可以贴上许多标签，而且就像以前一样，人们通过这些标签能明确地读出不同的含义，因为启蒙运动及其激发的与众不同的逆向运动是无须依赖其他任何因素的独立品格，同时造成整个历史过程出现很大的差异性。

我们或许期待，从启蒙运动的角度来进行友谊主题的思考能发现一些别具一格的全新元素，事实证明情况也确实如此。能够解释这个现象的原因来自友谊在两个主要方面的发展所造成的变化。首先，启蒙运动的发起人——就是那些明确而有力地表达出新感性主义理念的思想者和作家，如狄德罗（Diderot）、伏尔泰（Voltaire）、休谟和康德以及其他人，他们希望能够充分应用自然科学的方法和概念，解决社会和人类生活中常常出现的有关问题，虽然历经一个世纪后，人类在自然科学的应用方面已取得巨大的进步，而且之所以能迈出这具有历史意义的一步，关键就是采用了某种多元的复合方法，这种方法将涵盖观察和证据检验在内的经验主义调查方法，以及从声称终极真理只能通过先验方法来探知的"理性主义"原理基础上逐步发展而形成的理性推论原则结合在一起。因而也相应产生了全新统治者来主宰和监督人们的所有思想和行为，成为新权威而占据了主导地位，从而取代了传统、教条、王者的神圣权力、古老的经典著作、虔诚的语言行为或者任何其他完全根据经验无法推论或测量的事物，甚至还有那些在无须依赖他人的帮助和支持进行能独立判断的原因审查下，不能幸免的一切事物。

而且第二个原理可以由第一个原理推断得出，也就是大部分人类曾经生活（可叹的是，他们今天仍然这样生活）在对所谓能洞察万物的伟大真理的盲目信仰中，他们认为关于应该如何生活的问题之正确答案，有且只有一个，那就是所谓思想主宰者所知道的一切。每个人都必须接受、适应和服从这唯一的真相，而人类在历史上遭受的大部分严重惩罚都源于拒绝接受和服从这唯一真相的指引，而且死亡的处罚并不是所有严重惩罚中最残酷的一种。[1]相比之下，启蒙运动指出在人类的自然本性和天赋中，存在着某种伟大的多样性和多元化特征，这也展现了人类在创造和体验高尚生活方面还有更多的道路和方向。

与每个人之天赋相匹配的根据自身意愿选择的自由，其实就是造成这种高尚生活的先决条件，而且这种自由反过来，也需要拥有思考和行动的自由。因此康德所发表的关于启蒙运动（Aufklarung）之著名论述就包含了两方面的进展："启蒙运动是人类从强加于自我的不完美状态走向人性复苏的运动。而所谓的不完美和不成熟状态，是指人们没有能力在没有他人的指导下自己独立思考和理解问题，如果说究其原因只是人们在面对问题时表现出犹豫不决、无所适从的状态时缺少独立的理解能力，以及在没有他人指导的情况下缺少自己思考的勇气，那么这种不完美和不成熟状态其实是人们自己强加的。人们要敢于知道和了解（sapere aude）！并敢于独自去'大胆发现自己的勇气，去使用自身对一切事物的理解能力，'因此这句话自然也成为启蒙运动的标志和座右铭。这次启蒙运动所需要达到的目的除了获得人性意义上的自由以外别无他物，而且受到质疑的自由问题也是人们所面临的一切问题中危害最少的，也就是所谓公开地对所有事物追根究底地推理分析的自由。但是往往在遇到涉及自由的问题时，我们能听到来自四面八方的声音：'不要争辩！'长官说，'不要争辩，只需训练！'税务员说，'不要争辩，只需付款！'牧师说，'不要争辩，只需相信！'等等……我们走到哪里都能随时发现对于自由的束缚。在此就这个问题，我的响应是：公开应用自己的理性分析必然最终会达到自由，而且只有自由才能将全人类带向启蒙运动。"[2]

  这些成就了康德在哲学领域的坚实地位，有关友谊主题的观点也经历了一定的发展过程，从而得以更为详尽地阐述，并能全面解决现实生活中所面临的问题。而康德在其早期的伦理学讲座中（根据他的学生们所做的讲座笔记编辑而成的资料），认为将友谊之定义关注于人们借由对全体人类同胞普遍之爱进而来提升他人自身幸福感受的核心理念是有失偏颇的，而且这种普遍意义上的爱也是人类的道德品行对我们提出的要求。这是因为"人类学"观点（意味着对人类特性进行观察)并不认为人类从自然本性上就偏爱"信任、诚恳祝福和友谊",如果说驱使人们产生这种偏爱行为的原始动机源于自爱,那么也可以理解为提升某人自身幸福感受是人们所关心的、高于一切的重大兴趣之所在。[3]由此可见,这两者之间显然是存在重大冲突的,但是康德认为真正意义上的友谊所构建的亲密无间的互动关系能够解决这一冲突,那就是关系双方当事人彼此都对能使对方快乐的事物感兴趣,而且彼此也相互滋养和培育着对方的幸福感受,"彼此的快乐感受在相互之间、慷慨大方的言行中得到进一步的促进和提升,并且这就是所谓友谊的理念(原文如此,使用的是柏拉图式的大写字母 I,Idea),而双方的自爱理念则被这种慷慨的相互之爱所吞没。"[4]

然而这个想法未免显得过于理想化了,实际上每个人都不可能完全依赖他人来补偿和改变自己为实现他人利益而忽略个人内在利益的事实,当然这种理想化的友谊典范只能说明事情按道理应该怎样运作,而且此典范着实是"正确和必要的",从道德的角度我们的确也应该这么做,即使是从"自然本能的"角度,也必须承认我们可能做不到这一点。但是人们还是为自己预设了这样一个理想典范,因为只有这样,才能带给我们作为人类的某种高尚的价值感。[5]这个概念在此首开先河地预设了一个条件,这一预设在康德后来作品中的批判哲学理念中得到了全面展开。这个预设条件认为,为了打开人类思想的某些关键区域,人们必须利用一些特定的概念——譬如人们必须接受自己具有某种超越自然的自由意志,尽管经验主义意义上的人类意志往往受到因果关系之网的限制,但除此之外,人们就无法产生道德代言人的强大责任感。总之这种无法达到的、超越个人利益之上进而完全实现共同利益的"理想化"友谊理念只能发挥这样的作用。

康德早期有关友谊的思想基本追随了亚里士多德派学者们关于友谊分类的观点,从而也相应形成了关于需求、品位和癖性的概念。首先,友谊关系当事人应该"以相互关注的方式彼此信任"[6]。其次,友谊联结关系应以相互间的愉悦感受作为前提,并且通常以出于礼节考虑而采取的礼貌方式进行表达,而且更有可能出现的现象,是双方当事人往往因为彼此的不同之处、而非相似之处彼此深深吸引。[7]

第三种类型的友谊是最崇高的,其原因主要在于关系双方当事人相互之间"纯洁真诚的友情"。这种友谊关系的建立依靠的是双方自由坦诚的交融,以及自我的表露和认同,因此每个人都拥有了这样一个朋友,"可以无须隐瞒地向他吐露自己的秘密,也可以无所顾忌地向他和盘托出自己的意见和观点,并且感觉不可能也没有必要向他隐瞒任何事情——简单地说,就是与他的交流能够进行得全面而透彻"。[8]

康德后来在其公开的伦理学讲座中,又增加了友谊几乎在所有方面都需要相互平等的理念,因为他认为没有这种平等关系,就会出现在地位上占优势一方通过友谊的方式去帮助在地位上占劣势一方的现象。但是友谊关系中无须平等的情况也是存在的,那就表现为某人在一定程度上感受到对他人带着良好祝愿的爱。康德认为这样的爱是无须报答的,因为如果报答是必需的,那么对任何人来说就不可能会有面向全人类的美好祝愿。然而如果面向全人类的美好祝愿是需要他人给予回报的,那么这种关系就转而变成了友谊,也就是互惠之爱

(amor bilateralis)。[9]

康德最终完成的关于友谊之理论在他享誉世界的《道德：形而上学》(Metaphysic of Morals) 一书中有了全面深入的揭示。[10]他关于友谊"大致理念"的定义是"两个人通过相互平等的爱和尊重形成的联合体"。爱和尊重两个因素在这个联合体中分别发挥了不同的作用，爱将两个人吸引到一起，而尊重却又把两个人推开，因为双方当事人保持适当的距离也是友谊本质存在的要求。"这种对于亲密关系的限制，"他说，"所表达的就是，即使最好的朋友也不应该让彼此之间过于熟悉的原则。"[11]因此按这个原则来看，真正意义上的友谊是很难获得的，康德援引亚里士多德的相关论述来表达了同样的观点："朋友！这世界根本就没有朋友！"但是人们无论如何都努力追求这种友谊，也是"人类理性预先设定的某种责任"。康德开创的大众伦理学就是建立在责任——而不是偏爱、情感或情绪因素——是所谓真正意义上道德之唯一基础这种想法与见解基础之上的。为了与这种简朴的道义论观点相匹配，康德又提出，虽然友谊所涉及的情绪因素使其变得"柔软而脆弱"，但情绪因素终究不能成为友谊的基础，因为情绪太容易受到外力的影响而瓦解并分裂，相互之间的喜爱和自我单方面的屈服必然会"服从于防止因尊重需要而造成的过度熟悉，并限制了相互之爱的原则和规定"。[12]而且这些需要甚至还影响和限制了朋友在相互公开披露私密思想和感受方面究竟能走多远。[13]

"真正意义上的友谊"——我们之前提及的"没有真正的苏格兰人"谬论又再次出现——在此不得不穿着硬领子的普鲁士制服，同样遵守着康德所认为的有关坚定责任的道德规范。另外康德还认为如果某人不是出于感激或善意地同他的孩子们一起玩耍，只是出于父母应尽责任的角度这么做，也是不道德的。[14]这些都不是很令人愉快并能带来好感的观点。其中有些观点的种子是康德在其被抚养长大的虔诚基督教清教徒极端拘谨严格的家庭背景中埋下的，尽管他本人成年后并非实际意义上的清教徒（关于这一点，或者可以说他其实并不是任何形式的基督教徒），但是根深蒂固的某种无法超越的责任感却可以从再渺小不过的源头幸存，并成长壮大。

除此以外还有一个可能性更大的原因，或者说是一个问题的双重原因，就在于康德对大卫·休谟所发表的哲学观点中的两个基本原则并不赞成，其中一个基本原则是，大卫·休谟认为只有情绪因素才是促发人类行为的本因，另一个则是人类的精神价值来源于内在的情绪反应，而非来源于外在的客观资源。

休谟发表的第一个观点认为，如果激情（即情绪）没有驱使人们付诸行动，那么人们就绝不会有所行动，因为没有任何行动的理由看起来会有足够激发兴趣的动力，去推翻不采取行动的反向动机。如果某人依赖于促使他陷入布里丹之驴（Buridan's ass）处境的某种动机，也就是站在两捆干草之间不知所措的优柔寡断之人所面临的状态，那么他最终只能因难以忍受饥饿而死，因为绝对找不到更加充分的理由来决定，到底应该吃这一捆干草还是那一捆干草。[15]

与休谟看待道德的主观主义视角相符的第二个观点认为，某人发现立法者以构思巧妙的神灵方式通过宗教传统传达律法的过程中有所遗漏，必然相应会有所反应。如果道德意义上的规范和准则不是从天而降并传扬开去的，那么对人们来说，毫无疑问地必须服从的所谓公正究竟是什么呢？休谟从乐观主义角度给出的回答认为，这种公正指的就是人类与生俱来的善行自然而然带来的美德和品行。康德当然不会同意这个回答，并且在其动机原则中寻找某些必然的客观性依据，即动机向我们所揭示的任何人都承担着同样的责任才是人们都意欲去做的正确之事。[16]

休谟著作中出于理智角度，对友谊等伦理之善意的思考所形成的不过于苛求的观点，让人们重新认识到生活中情绪的重要性——其实从根本上看，情绪也具有非常重要的意义。这个观点不仅在我们与他人的关系中真正体现出了情绪的重要性，赋予了我们过往经历以更多意义和价值，为其增添了无穷的色彩和无限的趣味，甚至就在我们进行客观推理的过程中体现出来。正如实证主义心理学著作所揭示和表明的那样，一位毫无情绪的推理者并非真正意义上的优秀推理者。[17]

除此之外，启蒙运动中还出现了很多并不像人们想象中那样严肃刻板、而且远远超越了人类现实意义的关于友谊的论述文章。伏尔泰所著的小说《老实人》（Candide）或许就是基于对莱布尼茨（Leibnizian）所说的这是所有可能存在的最好世界之信仰进行尖刻讽刺的作品，但这部作品也是对各种各样的友谊进行延伸和扩充的颂扬和庆祝，正如老实人——和这个名字所体现出的某种本质特性一样——是如此热烈地形成并维持着这样的庆祝和颂扬。一群朋友在经历了所有的冒险活动后，最终愉快地以在伊斯坦布尔共同看管一所花园而结束了漫漫行程，虽然在整个过程中，他们遭遇了各种纷争和磨难，但他们始终福祸与共地一路携手同行。读者对创作出小说中朋友相依相伴美好故事的作者本人在生活中是否也具备这种能力进行检视，通常能带来额外的乐趣,这样的想法当然也毫无例外地发生在伏尔泰身上。喜爱伏尔泰作品的人们或许由于为人过于尖酸刻薄和机智风趣而失去很多朋友,但是伏尔泰本人在这方面却被证明具有很强的能力,他与沙特莱侯爵夫人(Emilie du Chatelet)之间的关系曾一度超越了"纯粹"友谊的范围,但是奠定他们之间友谊关系的主要基础是双方思想和兴趣的融合一致,而平等的思想和心智比任何其他事物都能更加强大且更有趣味地将两人紧紧联系在一起。[18]

没有比伏尔泰的诗歌《友谊之殿》(The Temple of Friendship)更能直接表达他关于友谊的观点了。在这首名为"友谊之殿"的诗中,他想象着一座外表极为普通,但却供奉着友谊之神的小庙,安静地坐落在一片隐秘幽深的树林中,似乎一切都笼罩在一片"被真实、单纯和自然主宰着"的温暖光芒中,然而由于伪善、敌对、背叛、以自我为中心的野心和最终不断壮大的琐碎细小的分歧而产生了巨大的分裂,而且嫉妒摧毁了所有能赢得友谊本来会带来的赞赏的机会,久而久之,走进那座小庙参加礼拜仪式的人越来越少。诗歌因此表明友谊之真义反而应该体现出的是忠诚、协作、信任、忍耐、关注他人利益以及相互欣赏和尊重。

伏尔泰在他的著作《哲学辞典》(Philosophical Dictionary)一书中这样写道:

> 友谊是灵魂间如婚姻般的密切结合,这种婚姻注定是以离婚而告终的,它是两个生性敏感而品德高尚的人心照不宣的无言契约,我说"生性敏感"是因为一位僧侣、一位隐居者不可能变成

邪恶之人,并且不可能不知友谊为何物而盲目地活着。我说"品德高尚"是因为邪恶之人只有罪恶的同谋,酒色之徒只有放荡堕落的密友同党,寻找自我者不缺合作伙伴,权坛政客都需要虔诚信徒,大部分游手好闲之人都依赖附着之物,王子拥有阿谀奉承者,只有品德高尚之人才拥有朋友。

伏尔泰对友谊主题的审视角度相对西塞罗而言,并未偏离太远(他在《哲学辞典》一书的目录中就曾经指出西塞罗有过一位朋友——名叫阿提库斯(Atticus),这同时也意味着他自身品德之高尚),而且以亚里士多德的观点来看,他自己所拥有的友谊体验原则上有别于某种非理想化友谊形式,而且即便不能说超越了所有人,也应该超越了大多数人的友谊体验,然而存在于其中的差别是根本意义上的。如果要把友谊拖离理想主义范畴,进而转向友谊对其确有助益之现实道德的角度来看,那么康德的理论中确实存在可提出证据加以证明的那种遗漏和缺失。

而且能够清楚地意识到,例如古典时期以及工商业脱颖而出的18世纪,人们讨论友谊问题的环境和背景的不同将有助于理解亚当·斯密(Adam Smith)的观点。[19]对亚当·斯密来说,理解个人关系的源泉主要存在于与社会组织密切相关的现实情景。具有田园诗般浪漫气息的社会组织需要人们组建庞大的家庭体系,并因为"共同防备"的需求一起生活,相依为命。然而在一个明确了法律准则,从而能保护生活于其中的个体之基本人身安全的商业社会中,家庭成员则趋于彼此分散,并在各自的兴趣和天赋引导下寻找自己的机会。[20]因此社会成员之间的联系则愈来愈明显地表现出依从自身意愿而做出行为响应的特点,并且友谊相应在人们与生俱来的"搬运、讨价还价和交易"倾向中应运而生。[21]休谟的观点也认同了这个特点,他曾在有关市场交易问题的文章中,提到商业贸易是如何扩展市场和交易行为,从而也扩展了人们生存所需要的熟人和朋友的范围。[22]针对休谟和亚当·斯密理论展开评论的专家们都注意到,两者对于"平淡友谊"的看法——并非都是相互算计和互不关心的感觉,但也不全是这样——位于光波频谱另一端的——那种当事人乐于将"爱"这一术语应用于程度强烈且趋于个性化的连接中,就如同蒙田所认为的那种令人惊讶的互惠性特征,然而有某种介于其间的事物——其远不像康德所认为的那样刻板俗套,而更接近带有尊敬意味的依附关系,或许会赢得大众更大程度的掌声。

亚当·斯密和休谟的观点所表达的启蒙运动之两大关键理念是进步和世界大同,而且后者对于解释"平淡友谊"观念确实体现出相当程度的帮助意味,也就是那些在范围更为广大、变化更加多端的世界中,不再深入到由家庭和社团关系所编织的紧密网络中的独立个体之间的互动关系——正如亚当·斯密自身所向往并投入其中的乡村生活——或许很容易沾染上并表现出某种更为短暂和肤浅的特质。另外和这个现象有关联的部分解释是,因为客观公正的市场运作和不断壮大的城镇规模致使人与人之间更加难以形成那种紧密关系。

但是这种现实状况在亚当·斯密看来,并不意味着友谊注定会演变成永远的实用主义和功利主义概念,而且在是否能成功达到上述实用主义和功利主义目标的过程中讲求条件。相反,他认为一旦个体摆脱了由传统社会构筑在他们周围的关系之网所强加的责任,那么人与人之间的友谊就会变得更加开放,选择也更加自由,而且人们所建立的友谊更加能够基于主观热情和共同兴趣,而不是缘于某种具有实用价值的必要性和事先设定的承诺。[23]如果说友谊关系是对传统意义上人与人连接关系中损失的折中和权衡,那么这种友谊本身就并不有益于健康,而看起来更像是某种收益不错的交易行为。

亚当·斯密还认为,商业对于人们自身和人与人之间的关系两者都产生了具有相当积极意义的影响,因为商业贸易活动的出现促使人们变得更值得信任,并且主观上也更加严格,具有时间概念,起码他们在各自的商务活动中会表现出这些特质,因为从其自身利益出发也必须做到这些。当然亚当·斯密同时也心存担忧,因为相对独立的全新的城市生活经历和全新的职业生活模式,可能也会产生某些不利影响,尤其在道德、教育以及关系方面的影响更为明显。他在书中写到,一位生活在家乡农村的人或许会因为行为举止一直处于被观察检视中,而发现自身丧失了某种特性,因此必然会不断自我提醒,"但只要他一踏入大城市,便如同沉没在一片朦胧隐秘的黑暗之中,他的所作所为从此不再被任何人观察和关注,因此他也很有可能忽视了自己,放任自己粗俗卑贱地陷入每一次的不检点和罪恶中。"[24]对此,亚当·斯密建议采取的补救方法是必须让走进城市的人们加入某个教会,这样就会有人能够通过对他们的持续监视而给予帮助。这个治世处方多少有些无望的苏格兰人和长老会的意味,似乎对于人类本性中那些注定会使这些孤独的城市新移民难逃罪恶魔爪的自然特性所抱持的观点,带有某种悲观主义色彩。

亚当·斯密认为,当一个人表现出对高尚动机的慷慨仁慈,他就具备了成为朋友的部分潜质,并且会因此赢得那些他友好相待之人的良好印象。"走进友谊之中,并与全人类和谐共处"作为能获得他人赞许评价的结果会让人们自我感受愉悦并且内心平和。[25] 在此需要引起注意的就是"和所有人类之间的友谊",亚当·斯密借以暗示人们可以在更为温和的无条件之爱(agape)的版本中,体验到早期研究友谊主题的理论家想要通过更多人之间的亲密连接而追寻达到的满足感,尽管这种成为朋友的方式,毫无疑问也是在个人层面发挥作用。如果恰如其分的激励行为所包含的慷慨之情是相互补偿的,并且这种相互补偿促进了"令人满意的评价"结果,那么这种慷慨之情正好是已经描述过的平淡友谊的一种形式罢了。

尽管如此,要真正理解"平淡友谊"理念还需要具有休谟那样的资格,休谟一生因善于交际、广结良友而闻名于世,因此他也得了个"好人大卫"(Le Bon David)的绰号,那么这是否意味着他的交际范围过于宽广呢?情况看起来似乎并非如此。"除了任何深陷爱河或共享友谊情况下所体验到的特别美味,"他在书中写道,"世上再没有任何其他事物能如此打动一位内心仁慈之人,一个沉浸于友谊之人会留心于他朋友所给予的最细微关注,并愿意牺牲自己最重要的利益作为代价。"[26] 休谟对西塞罗无比崇拜,他所提及的"仁慈之人"理念也来自于西塞罗风格的经典友谊范本。

这些关于友谊理念最显著突出的含义是其明显可识别的,与这个术语同时代的人道主义(Humanism)意味——而且从更为宽广的角度来看,这些含义——都起源于对真实人物的具有实际意义的关注,而不是某些完全理想化的品德高尚者或者精神升华者的代表,他们都生活在真实的场景中,而不是被安放在将培养崇高美德和发展微妙友谊看得比开展正常生活和培养业余爱好更重要、更有优先权的同样理想化的环境中。

同样,与这些概念相适应的道德情操也是世俗意义上的,是与生活密不可分、无所不在的,也就是建立在所谓人道主义层面之上的。亨利·菲尔丁(Henry Fielding)对这种由内而外、品德高尚之人的概念进行了明确有力的表达——他所推崇的那种乐善好施的热心肠美德,就体现在他书中的人物汤姆·琼斯(Tom Jones)和帕森·亚当斯(Parson Adams)身上。菲尔丁笔下的汤姆具有"一种和蔼宽容和慈善亲切的性情,就是那种愿意为他人幸福而奉献自我,并因此感到满足的品性"。[27]这个观点虽然在道德层面上并非完美无缺,但确实被公认为优秀的精神品质。汤姆这个人物自身当然也存在着某些人性缺点,但是正如书中米勒太太(Mrs Miller)和乡绅奥华氏(Allworthy)(这个名字本身就体现了菲尔丁风格的伦理观点)谈到的那样,即使汤姆没能及时改正他的那些缺点,但"他们那颗人类永远希望被赐予的最人道、温柔、真诚的心灵,将会为此感受到极度的失衡"。[28]这句话的诸多暗示之一表明,像书中汤姆这样的人实际上会成为很好的朋友,并且两个这样的人之间所建立的关系,应该能体现出友谊之被称作友谊的本然面貌。

善良的心灵当然是仁慈(benevolentia)最为亲密的表兄弟,正如上面的解释所展现的那样,古代人和现代人所认同的造成人与人之间存在建立友谊关系的可能性并且不可缺少的品质,并没有太大的区别。

在18世纪向19世纪转折的过程中——正好也是表面上存在着尖锐对立的启蒙运动的不拘一格与浪漫主义的热情真忱相结合的过程,然而人们想到浪漫主义时,更多地会把一个人看作英国历史上第一位浪漫主义者,他就是独树一帜的非凡人物威廉·葛德温(William Godwin)。没有人剖析过他和他远胜于威廉·哈兹里特(William Hazlitt)的不切实际的思想,而且威廉·哈兹里特从孩提时起就认识威廉·葛德温,并且得到过葛德温出于孩子般仁慈之心所提供的许多帮助。哈兹里特认为葛德温把道德抬高到普通人难以企及的高度,他要求人们达到"普遍仁爱",并将乌托邦式的天命作为其表演的舞台。[29]但是葛德温的思想其实远不止于此,正如他在其所著的散文"关于爱和友谊"中所体现的那样。[30]

这一切就发生在葛德温开始否认平等是朋友之间的必然条件时。"那是谁说的,'平等之中没有爱'?无论是谁,那都是人人皆知的话语,也经常挂在每个人的嘴边。反过来说恰恰就是真理,也是我们道德本性中令人赞赏的每一件事物所隐含的伟大秘密。"[31]爱,包括所有类型的爱在内,并不仅仅是浪漫的和有关性欲的,而是一种缘于与他人的关系而感受到的强烈情感,就像每段友谊中会发生的那样,爱并不是一种"风平浪静、静谧安宁和半推半就的情感,而是来自思想的激情"。它不只是表现为对他人的赞许,那种某人或许对熟人和客户都会有的积极感觉;而是体现为某种情操,"那种存在于某人身上,对他人的快乐和悲伤产生最强烈同情,对他人的喜悦和满足怀着最热烈渴望,对他人的幸福和美好给予最真切期待,对他人可能会受到的伤害带着最猛烈的畏惧，总之一句话，就是那种包含着大部分的牺牲精神，敞开胸怀，随时准备迎接人们安住其中，为了他人利益而把自己的利益放在次要地位的情操"。[32]

人们产生这种感觉的基础需要丰富的想象力，而每件事物都需要被理解并分解形成准则的科学测量的寒冷之光，对爱是有百害而无一利的，因为对爱而言，良好而理性的态度就是思考所欠缺的甚于所拥有的，思考难以言状的甚于赫然展现的，也就是思考未来和过去甚于当下和此刻。"其实情操什么也不是，除非你到达了某个神秘的被面纱遮掩之处，某些事物朦胧晦涩，难以清晰分辨，只是远远地给予模糊暗示，而且也没有特定的色彩和轮廓，但却留给头脑根据自身的喜悦感受采取最恰当的方式进行填充。"[33]

在葛德温看来，人类之爱的"最伟大的形式"就是"存在于父母和孩子之间的情感"，葛德温甚至声称，造成两性之间相互吸引，以及弥漫在弥尔顿所称"夫妻之爱的神秘仪式"中使人陶醉的神秘魔力，也只不过是某种自然机能，其根由就来自于人类创造子孙后代、繁衍生息的渴望。葛德温在这篇文章的大部分论述过程中采纳了某种测试方式，以验证爱的情感如何在关系中得到最全面的表达。当然这一切都是基于他事先假设的认为爱来自于"保护者和被保护者有意识的感觉"的观点之上，并且爱需要付诸行动——"我们的情感并不存在于慢吞吞的怠惰中，激情和行动必然相互产生影响，激情是产生行动的必然缘由，而行动反过来也给予激情之潮以无穷的力量"，而且这种现象在父母与孩子的关系范例中，完全是无须外力促动而自然产生的。[34]这个观点虽然让葛德温感受到某种极其温暖的赞誉和声望，但却是令人难以置信的,以任何标准来评判,父母对孩子之爱与孩子反过来对父母之爱,都是两种完全不同的感觉,并且这两种爱中的任意一种,又都和世间存在的其他许多类型的爱有所不同。葛德温无视希腊人所描绘的诸多如无条件之爱(agape)、性欲之爱(eros)、游戏之爱(ludus)、温馨之爱(storge)和现实之爱(pragma)——分别指的是对全人类的博爱、出于性欲需求的爱、开玩笑似的爱、亲情般陪伴的爱和实用主义的爱——和由这些不同的爱或者未被提及的其他形式的爱,相互结合所产生的不同程度的混合体之间的区别。

当葛德温如此这般将其理念应用于友谊之中时,人们出于自身目的考虑而认为这个主题很有趣,并且从中发现了"形影不离的侍从"这种完美情感连接中存在的某种不平等。[35]葛德温在其所著的文章中,还援引了那些广为流传的阿喀琉斯和普特洛克勒斯、俄瑞斯忒斯和皮拉德斯、埃涅阿斯和阿卡特斯、赛勒斯和奥拉斯皮斯、亚历山大和赫费斯提翁以及西庇阿和莱伊利乌斯之间友谊故事,作为最值得赞颂的友谊典范。一方面,这些流传于世的著名友谊关系的当事人双方都是"真正意义上的英雄,是拥有远大志向之人,是值得历史学家和诗人对其卓越之处进行关注、必然会被载入史册大加赞颂的高尚名士";另一方面,"他们的自信揭示出谦逊适度且无须装模作样的个性特征"。[36]葛德温意识到了这一点,因此友谊"极其重要的秘密"就相应昭然若揭,这个秘密就是,友谊是存在于崇高灵魂之间的心心相印,是层次较高者对层次较低者坚不可摧但宽松缓和、毫无压力的信任和关爱。层次较高者希望将其在他人眼中高人一等的负担暂时搁置一旁,成为真正的自己,也就是"一个只需面对自己的人"。他希望并确定自己不会只为了能有所增益便毫无诚意地伪善搭讪、溜须拍马、阿谀奉承,卑贱地讨好他人。"他所追寻的是真正意义上的朋友,是他由衷喜爱之人,是他能有所依傍之人,而不是那些碰巧陪伴在他左右之人,而且他所追寻的是完全能属于他的人,是不会弃他而去的人。在这样的朋友身上既没有任何利益目的,也不存在竞争和对抗。"[37]

但是这种不平等的程度不能太大,层次较低者必须能够理解和领会层次较高者的品行和才能,他们必须能够一起讨论,分享各自对于事物的看法和感受,他们之间必须有相互的信任和忠诚,而且因此在他们的互动关系中似乎存在着某种完美的平等性,这也是作为相互了解的前提,即

> 任意一方当事人都对彼此怀有某种完美无缺的信赖感,或者一致认同某种不平等信念,但完完全全确信层次较高者不会做出某些品质拙劣的可耻行为,而且层次较低者同样不会表现出毫无诚意的伪善或奴颜媚骨的卑屈;然而在某种平等关系之间,实际上也存在着一些对立面和由恐惧引起的阴影,但是一旦不平等的双方幸福结合而建立起友谊关系,这些对立面和由恐惧引起的阴影就绝无藏身之地。一方面有发自肺腑的内心倾诉,另一方面有敞开心胸的诚恳接受,并且其情形是无法通过语言来形容的。[38]

葛德温在写作过程中,对其所引用的友谊范例进行分析时,给人

某种对其正确性确信不疑的感觉，但其实这些经典范例所表现的都是建立在两个地位不平等的人之间的友谊，而且当要单独谈及男性之间的友谊时，葛德温又将他的分析重心转向只可能发生在男性之间案例上，即使意识到女性之间的关系也存在同样的不平等性。但是值得争辩的是，葛德温所关注的不平等只是某种表面形式上的尊重，或许只是对他所援引的范例中那些男人是谁以及发生了什么进行排名。而在这些友谊典范不为外人所知的内在隐秘之处，必然存在着某种与众不同，并最终从根本上产生结果不同的那种类型的不平等——实际上葛德温自己暗中对其中的某些情况已经有所认知，他认为是这些友谊双方当事人中"层次较高者"需要结交朋友，让他能够放下地位上的障碍而"作为一个只需面对自己的人"。（并且这一观点也非常令人信服地被沿用到女性友谊的范例中：将地位和身份上的差异搁置一旁，恰恰能让女性在经历和体验方面的共性促生，并维持着紧跟其后发生的友谊关系。）说得更确切些，相互的信任和理解、彼此的诚信和共同的认知觉察，在没有朋友之间可能保持的共融性情况下，往往需要某些独立于社会身份和声望之外的角色和思想上的平等关系。然而在文章的结束语中，葛德温又含蓄地表达了与其主要论点的不一致，即对这一观点的另一种认识，他重新回顾了与情感密切相关的想象力之至关重要的作用。他这样说道：

> 每位当事人必须感觉到需要另一个人陪伴的迫切性，如果另一个人没有到来，则任何一方当事人都不可能自行达到完整状态，每位当事人必须以同样的方式意识到付出和接收利益所产生

的非凡力量,也必然满怀着对遥远将来的预期,或许每天都不断提升给予和共享所带来的美好感受,因此促进每个个体持久地联合,并且对他们相互给予对方的幸运之事更加睿智敏感,并因此不可动摇地继续奉送给彼此除此之外无法共享的成千上万种好处和便利。[39]

关于友谊对身处其中的朋友们以全面视角展现出超越所谓平等的所有其他形式之需求,如此优美的刻画和描写很难看到,至少这种平等表现为内在精神上的平等,而且这种平等或许单独就造成友谊存在的可能性。

然而葛德温所认为的在爱情经历中普遍存在、在某些特别的友谊体验中偶有发生的这种恰当合理的情形,人们只能在文学作品和传说故事所描写的某些范例中才能看到,尤其像本书在下一章中将要讲述的已然传为美谈的阿喀琉斯与他的"侍从"普特洛克勒斯之间可谓旷世奇情的友谊故事。

进入19世纪后,人们谈起友谊时所关注的主题发生了巨大的转变,我认为造成这种现象的原因与迄今为止未引起世人注意的某种关联性密不可分:随着欧洲帝国不断发展壮大而引发了越来越多的冲突,这些冲突直接导致了20世纪大崩溃的发生,而且军队建制和帝国阵营的职业化进程使人们又重新认识到并大力推崇接近理想化的斯巴达式的强壮勇敢和罗马共和国时期的美德善行,因此与之相伴而来的是,这种类型的男性顺应了时代需求而受到大众欢迎——确实就是男人们,注意:尽管某些重要女性常常被人们提及,而且希腊的母亲们都身体力行地告诫自己的儿子们要骄傲地"举着盾牌，或者躺在上面返回故里"，这也就意味着出征的儿子们被寄予厚望，他们要么胜利凯旋，要么壮烈牺牲。这种社会趋势当然引起了人们的注意，而被忽视的是那些用来教育男孩们的楷模和实例——尤其是男孩们——注定会成为蛮荒丛林的地区人员，或居于军队首位的骑兵将领，并且肩负起忠于国家以及个人的强大责任。

1648年签订的《威斯特伐利亚和约》（Treaty of Westphalia），造成欧洲各国陷入因民族主义而带来的损失惨重的灾难之中，而且各国人民对这些灾难的不满之情至今仍然令世人深受其害，每个人最终都被迫成为像罗马人那样的爱国主义者。因此，一代又一代走进校园的男孩们被迫用拉丁文阅读，法学家西维奥（Mucius Scaevola）将右手放进熊熊燃烧的火焰中，以证明无论克鲁修姆（Clusium）的波希纳（Lars Porsena）如何折磨拷问他，他也绝不会背叛罗马的久负盛名的传奇故事。虽然人们和约翰逊博士（Dr Johnson）一样已经认识到爱国主义是"恶棍的最后避难所"，但是毅然决然地为祖国捐躯所带来的无限美好与无上荣光（dulce et decorum est pro patria mori）仍然会深深触动人心，而任由感动的泪水不停上涌盈满人们的双眼，那种无意识的感化作用依然如此彻底并难以抗拒。

由于人们卷入并藏匿于这种含混复杂、难以理清的情感之中，19世纪的文坛在经历了关于学生时代、帝国冒险和战争场景之类题材小说，以及描写逍遥法外的小伙的廉价通俗作品（因为这些作品不足以达到文学作品的标准，已经被淡忘并消失）的盛行期后，小说主题也自然而然地转向某些更美好的事物：或多或少的率直坦诚和直截了当,或多或少的一本正经和正直善良,社会思潮关于友谊主题迫切需要这种斯巴达式和罗马共和国时期的美德和善行。例如,其中比较典型的有皮尔斯·伊根(Pierce Egan)所著的两部以流浪汉和无赖人物为题材的传奇式流浪冒险小说,《伦敦生活》(*Life in London*),即《杰瑞·霍桑先生和他优雅的花花公子朋友汤姆在鲍勃·罗济科相伴下,这群牛津人日日夜夜在大都市散步和狂欢的场景》(*The Day and Night Scenes of Jerry Hawthorn, Esq. and his elegant friend Corinthian Tom, accompanied by Bob Logic, The Oxonian, in their Rambles and Sprees through the Metropolis*)(1820—1821年),及其续集:《汤姆、杰瑞和罗济科在伦敦追求生活并从中逃离的冒险活动大结局》(*The Finish to the Adventures of Tom, Jerry and Logic in their Pursuits through Life in and out of London*)(1827—1828年);爱德华·鲍沃尔-利顿(Edward Bulwer-Lytton)所著的《保罗·克利福德》(*Paul Clifford*)(1830年);威廉·哈里森·恩兹韦斯(William Harrison Ainsworth)所著的《杰克·雪柏德》(*Jack Sheppard*);托马斯·休斯(Thomas Hughes)所著的《汤姆·布朗的学生时代》(*Tom Brown's Schoolday*)(1857年)和《汤姆·布朗在牛津》(*Tom Brown at Oxford*)(1861年);迪斯雷利(Disraeli)所著的《康宁丝比》(*Coningsby*)(1844年)描写了狄更斯和特罗洛普之间的友谊,以及巴肯(Buchan)和亨提(Henty)之间充满男子气概的友谊——需要阅读的书单很长,并且如果要完整记录所有书目,则收尾时必须涉及20世纪出版的部分作品——或许也必将涉及人们最不愿意接受的某些实例——西部("牛仔")小说认为其所描写的英雄和他的伙伴们所适宜的喻义。[40]

伊根所塑造的朋友三部曲内涵丰富，且表现得无拘无束，足以令读者自娱自乐，同时为那些有理想、有抱负的同时代的年轻人建立了楷模，其两部小说中的第一部曾经被列入畅销书榜单。而鲍沃尔-利顿笔下所描绘的性格洒脱开朗、公正不阿的公路响马式英雄人物保罗·克利福德、朗·内德（Long Ned）和奥古斯都·汤姆林森（Augustus Tomlinson）是三个火枪手，尽管鲍沃尔-利顿自己把他们三人归为侠盗罗宾汉之流。陪伴在杰克·雪柏德身边的一群男人是乔纳森·怀尔德（Jonathan Wild）（这两个主人公的名字都取自《纽盖特监狱的日历》（*Newgate Calendar*）中所出现的历史罪犯）、布鲁斯金（Blueskin）和达雷尔（Darrell），作品采用旁白手法叙述了他们之间围绕着19世纪关于友谊主题所展开的讨论，并涉及坚强勇敢之类极具罗马风格的概念，生动地展现了一场相互之间背叛和忠诚的跌宕起伏的戏剧故事。[41]

是否拥有同性友谊对于生活在19世纪的男性来说，是其被同辈接纳从而树立社会地位的重要考量。而且当时的男性认为通过寄宿阶段或者学徒生涯（两种情况都是男孩们年龄尚小之时便已开始），完成其生命过程中重要的晋升环节（cursus honorarium）后，能够成为每天都收到男性朋友送来礼物的男人是每个男孩都心存向往的人生美事。这种全部由男性构成的生活环境，以及贯穿其中的规范和准则，都是一成不变、近乎格式化的，因此某些具有指导意义的文学作品，通常以某种看上去如同阴谋般无法意识且无人指导的发展方式，难以避免地出现了，并且赞美和歌颂着适应社会要求的各种优秀品质（请记住：美德（vir）意味着从"男性"的角度，而不是以"人类"的感觉成为一位"男人"），同时警告人们远离与男性生活相伴而来的所有罪恶行径。

在这个阶段，关于男性友谊的讨论几乎非常少见，或者这个讨论主题在任何一个将男性之间的同性交际在一定程度上推测为实际意义或者潜在意义上的同性恋行为的时期，都是人们有意回避的。然而某些学院派文学评论家自然而然且毫不迟疑地抓住这个问题不放，因为任何思考过这些问题的人自然发现，在没有满溢，并进一步转化为肉体亲密可能的情况下，单纯心理上的亲密关系是难以想象和维持的。当然在实际生活中，人们也发现要忍受并抗拒这种情感的满溢情况几乎不存在任何困难，甚至似乎无须任何抗拒，因为要跨越横在心理连接和完全肉体连接之间的界限是难度更大的行为，需要付出比忍受和抗拒更大的力量。然而面对两个保持着情况完全不同、需要重新排列的性关系的人互相之间所给予对方的亲密互动，人们开始不知不觉地陷入不知所措的迷茫之中。

在寄宿阶段或者学徒生涯这种全男性的养育环境下，尤其是在寄宿学校里，青春期同性恋现象发生的原因是因为荷尔蒙过剩所产生的作用和影响无法得到其他有效的出路，这已经是得到一致公认且习以为常的看法。与那些在监狱环境下时有发生的同性性行为一样，这种现象比非"情境化"以及伺机而为的同性性行为更为常见（在美国有句俚语，说的是"一起过夜的同性恋者"）。人们基于这种认识相应采取了两种通常已成为惯例的处置方式：一旦发现苗头，就要施以严厉的处罚，以达到威慑作用，或者是制定从起床钟声响起直到熄灯为止，充斥着各种高强度运动和活动、严格到近乎毫不留情的日常作息时间，确保男孩们没有余力从事性方面的活动。

传统教育鼓励年轻人将历史英雄人物作为其人生楷模，但其中必然会存在某些依附于友谊主题之模棱两可的歧义，自古以来也成为困扰教育者的特别难以解决的问题。维多利亚时代，英国的公立学校和两所古老的著名大学曾明文规定并提倡树立"强健派基督教"宗教理想，同时毫不含糊地宣传和反对对此理想进行的任何贬低和轻视现象。托马斯·休斯在《汤姆·布朗的学生时代》一书中不留任何想象空间地告诉人们，应该选择站在哪一边。他在书中谈到一位对此有怀疑倾向的男孩时，这样写道："一位满头柔顺卷发且品行高雅、富有教养、面容痛苦但却精致俊美的男孩，被一群大家伙们众星捧月般地宠爱纵容着。那些大家伙们为男孩们谱写优雅美丽的赞美诗篇，同时夜夜杯觥交错，教会他们喝酒，并言传身教，让他们学会满嘴的污言秽语，他们几乎尽己所能地使这些男孩们对生活其间的这个世界，以及即将到来的下一个世界中的所有一切，都毫无兴致。"[42]然而托马斯·休斯在此书及其续集《汤姆·布朗在牛津》中以富有情感且充满罗曼蒂克气息的语言表达出强烈的友谊之情，汤姆在牛津大学和一位富有男子气概的名叫哈代的基督教信仰者从相识进而相互熟悉，并且很快"迅速地投入与哈代的友谊之中，虽然他并没有像俘虏般被捆住手脚，并被带往他处，但已经无法抗拒，越来越深地陷入了圈套之中。"[43]

在古典传统社会中，专门设计用来转移对好男色者（pederastia）以及男性友谊中性行为方面注意力的宣传手册，可以从柏拉图的言论

中找到线索,并归纳如下:

> 在古希腊和古罗马,这种形式的友谊(就如同史诗中所记载的一般)和完美纯粹的思想一起存在,并且激发了对赫赫声名和高贵行为的爱戴,这几乎是毫无疑问的……爱所采取的最为频繁的形式就是友谊,这种形式的爱唤醒了人们对男性身上所有美好而尊贵之处的渴望,就如同爱在最为高尚的自然之中所唤醒的一切渴望一样。[44]

其实没有任何理由认为"由环境所造成的男同性恋"现象必然不会发生在除寄宿学校之外同样紧张的环境中。设想几乎在所有的社会中,甚至是人们相互间关系更加协调的趋于完美的现代西方社会,年轻人仍然生活在严格的性隔离背景下。但是关键问题是针对诸如此类的友谊情形考虑这些因素是否妥当适切,如果人们面对两个彼此保持亲密朋友关系的男性,有多大概率会认为这种亲密的朋友关系中,存在超出友谊范围的更多意味呢?这个问题我们会在下一章中重点提出并加以讨论。但在此紧要关头不得不强调,如果公众舆论中不存在对同性恋现象的担忧和焦虑,并且能够与人类所拥有的表现为强烈情感和情绪反应的浪漫主义基本特权保持一致,那么男性之间的友谊或许能够走得更近些,牵涉其间的情感也会更加丰富,彼此可以挽着胳臂并肩而行,敞开胸怀、无所顾忌地表达情感,真正成为人世间令人向往的一幕。一些影像资料记录并证明了这一切的变化,男人们在拍摄影像资料时摆出了相互拥抱、手握着手或者坐在另一个人膝上等姿势来展现友谊之情。当然其中有些影像资料或许反映的是同性恋情侣,但是可能大部分都不是同性恋。越来越多的男性在镜头面前，采用某种身体姿势来表现身为朋友的双方之间的连接关系，并通过图像记载，留下纪念。[45]

然而在友谊众多的处置和对待方式中，所表现出的友谊典范究竟是什么呢？有史以来，如此众多的哲学家们所描绘的传统典范并非只是对经典英雄案例的直接重复，在丛林中或是在战场上，就如同在运动场上一样，朋友就是那位永远支持和保护着你，不让你倒下的人，你完全可以信任并且放心地依靠着他，他的行为举止令你敬佩，更加难能可贵的是，他随时会为了你的利益而牺牲自己。在《双城记》(A Tale of Two Cities) 结尾处，有人召唤悉尼·卡尔顿（Sydney Carton）回去做远比他所做过的一切都美好的事情，并且（在现实生活和死亡中）奥茨船长（Captain Oates）也把帐篷留在了南极洲。他会在你关注的任何地方为你"加油鼓劲，并且公道处事"——因此他也会在自己关注的地方靠你更近。无论你们在地位或者等级和其他方面还有什么差别，但作为朋友，你们是绝对平等的。友谊不需要任何明确公开的忠诚效劳和热忱服务的契约，因为在形容友谊的每一词汇中都含蓄地暗示着这一切。如果你想要了解朋友相互间如何规矩行事，你可以走向那些经典的源头，走向神话和传说的典范，就会像生活在彼时彼刻的朋友一样为人行事。

迄今为止，人们的关注焦点照例都排外而专一地集中在男性身上，那是因为这段时期友谊在世人面前所展现的都是公开、外在或者向外的形象，妇女们仍然处于与世隔绝的家庭范畴里，而且在如此闭塞的领域中，女性之间的相互关系被认为是受到限制、狭隘而孤僻的。然而世上没有任何事物会远离真相，这一点在简·奥斯丁（Jane Austen）、勃朗特姐妹（The Brontes）、乔治·艾略特（George Eliot）和盖斯凯尔夫人（Mrs Gaskell）的作品中所展现的、关于友谊无比丰富而深刻的剖析中昭然若揭，有目共睹。在此举一个相对浅显的例子加以说明：奥斯丁在1813年完成的《傲慢与偏见》（*Pride and Prejudice*）一书中，展现了贝内特（Bennet）家族的两位姐妹伊丽莎白（Elizabeth）和简（Jane）之间美好纯洁的友谊，而在1816年出版发行的《爱玛》（*Emma*）一书却反其道而行之，反映了一位女性如何千方百计也无法成为另一位女性的好友，这一点在小说中所描写的爱玛（Emma）与哈丽叶·史密斯（Harriet Smith）和贝茨小姐（Miss Bates）相处时的行为举止上有非常明显的展现，与此同时，书中描写的弗兰克·丘吉尔（Frank Churchill）、乔治·奈特利（George Knightley）、埃尔顿先生（Mr Elton）、简·菲尔费克斯（Jane Fairfax）、伍德豪斯先生（Mr Woodhouse）及其他人物之间一系列行为上的反差和对比也有同样的相似性。

这些小说所展现的是奥斯丁关于友谊伦理观中的忠诚、爱、坚定不移、真诚坦率、值得钦佩的行为和真理高于一切的美德，友谊当然不仅以这些美德作为成立的前提，或者说这些美德并非友谊，但这些美德却必然是其重要组成部分。这一点同样也被公认为奥斯丁所建立的对于爱情的道德规范，因为爱情作为友谊的替代品，作者本人很少有时间迷恋并醉心其间，爱的纽带必须是发育成熟、经过深思熟虑并有所选择的，简言之，婚姻是友谊的另一种形式（你或许会说婚姻是会额外增加婴儿的友谊），并且如果最终想要达到某种状态，那么从一开始就必须进入那种状态。

在我们生活的这个年代,人们通往并获得爱情的方法太过于缺乏热情,并且疲于算计,尽管通向友谊的方法或许并非如此。如果要参考电影和浪漫小说中的情景,并以其为判别条件,人们将"关系"分为两大类,其一是被称为风流韵事的关系,实际上也就意味着关系双方由于头脑发昏而一时陷入迷恋状态,其中涉及的性欲问题也是难以避免和消除的,人们通常认为这种关系适于成年早期,进入婚姻生活之前的阶段(更准确地说,是正式举行婚礼之前)或者类婚姻生活状态的安定生活阶段(更准确地说,是关系双方决定共同生活之时),这个阶段也是自然形成的情感终点站。此时所有一切都是热烈奔放并令人窒息的,充斥其间的是急切的渴望、无尽的想念、莫名的心痛、欢快的心跳、柔美的场景,还有月光般的温柔、海浪似的激情、难以抑制的欲望、由衷的欣喜以及当事情不如人愿时牵肠挂肚的痛苦。处在这种关系中的人们正如司汤达(Stendhal)所描写的那样,任一方都被另一方璀璨晶莹的钻石光芒所覆盖的迷离假象所深深迷惑,而一发不可收拾地表现出糊里糊涂的状态,他们深陷爱河,与爱的情愫相依相恋,他们的身体敏感地接受到来自内部和外部的化学信息(chemical messengers),并迅速产生激烈的反应,对于其关注范围以外的其他人类毫无反应。性、渴望和美梦是矗立在恋人之间,厚实坚硬而又无法透过一丝光亮的挡板,恋人们天真地想象他们彼此会更加亲密无间,并且相互之间会更加熟悉地了解和被了解,永远胜过与其他任何人的亲密程度。[46]

简·奥斯丁认为痴情并不可靠,而且古希腊人认为痴情是爱神丘比特和他的神箭所演出的被诅咒的恶作剧,这就是最好的证据,尽管这个传说没有任何人能够反对,甚至连神自己也无法抗拒。

"关系"的另一种类别是婚姻生活或类婚姻生活的安定生活阶段,这种关系中有孩子或者其他情况作为抵押,并且关于这一类关系的讨论涉及生活中所必然面临的挑战和问题、各种失败、如何维持性生活的乐趣、如何处理人为设置的一夫一妻制所必然导致的背信弃义等。在这种关系中,即便形成了某种或者更多的行为习惯、妥协让步、情感投入和亲切体贴,都无法达成最终平和安宁的生活状态,而且所有情况都会变得极其艰难("人们在婚姻生活中不得不面对的状况"),并且更有甚者,会转变成痛苦的挣扎,伴随着口角争辩、情感谈判、妥协让步、缄默不语、争吵抱怨,或许还要寻求婚姻咨询的帮助,更加常见的是咨询律师而借助法律的手段——接着就像约翰逊博士所说的那样,对未来的希冀战胜了痛苦的体验,尽管第二种关系随后所做的各种尝试或者说具有更多简·奥斯丁在作品中所赞赏的人物特性,而且远胜于第一种关系尝试中,无法决定究竟应该按照谁的原则付诸实施所带来的诱惑魅力。[47]

当然,和特定他人保持同性性关系的同性恋关系不属于上述两种类别中的任意一种,尽管其或许更接近第一种关系类别,而且随着这种性关系越来越被接受,并成为社会主流价值观的一部分。人们同时也注意到一些有趣的现象,许多男同性恋者自身希望能遵守异性恋的规范,包括走进婚姻和家庭生活。[48]

如果把"爱情和婚姻"看成比友谊更高的目标的现代友谊形式,那么就无法展示任何别的含义,并且和历经悠久历史而把友谊视作最崇高形式的人类关系的信仰进行对比，今天的人们对于友谊的理解较之祖先们要模糊不少。或许这不仅仅是因为现在友谊对于现代人们的生活，不如"爱情和婚姻"这类形式的关系重要，也或许是因为现在友谊发展出了那么多前所未有的不同形式。

第二部分

友谊的传说和故事

第七章
文学中的友谊

在本书前面几章中，提及了许多来自小说以及其他方面虽为虚构但却名垂青史的传奇友谊故事。其中引起人们主要兴趣的，是深入了解援引这些传奇故事的目的究竟是想要表达什么。而且人们在引用这些故事时，在脑海中常常事先便做了一个设想：如果真正想要找寻朋友是什么、友谊是什么，以及朋友间该如何表现这类问题的答案，你必须层层深入地走进那些文学经典，并从中学习。

在世界结构性文学史中，首当其冲要提及的两个范例，是阿喀琉斯和普特洛克勒斯，以及大卫和乔纳森之间的友谊传奇，他们的友谊故事就像立在通往友谊主题之门两旁的柱子。但要直截了当地介绍这两对伙伴，都或多或少存在一定程度上的困难，究其原因，就是如此众多的经典范例似乎都不约而同地涉及涵盖同性性欲因素的爱恋，这种爱恋关系不亚于——或者说不同于——友谊。在本章的结尾部分，我们将共同对这个问题展开更进一步且更全面深入的讨论。在这一类型的友谊案例中，很少涉及女性与女性或者男性与女性之间的友谊经历。而且对于后面一种男性与女性建立友谊的情况，可谓独树一帜的是，存在于伯里克利（Pericles）和阿斯帕西娅（Aspasia）之间的典型友谊关系，应该算是极为罕见的，但坊间关于这段贵若珍宝的异性友情还流传着另一维度的解读，并且有些人毫无疑问地认为，他们之间所维持的关系或许包含着远远超过友谊程度的其他含义，而与坊间所流传的故事更加相符。但是这样做，多少有回避问题实质，并盲目反对人们所认为的这种关系可能既是友谊又是性爱的嫌疑，虽然伯里克利和阿斯帕西娅自身所具备的个性特征和智力水平足以强大到能启发人们往那个方向去想。[1]

1. 阿喀琉斯和普特洛克勒斯

在此就让我们先从第一种关系类型的第一个案例开始吧。这段旷世情谊涉及两位希腊战士之间的亲密关系，其中之一是俊美挺拔且几乎所向披靡的青年英雄，他与阿伽门农（Agamemnon）的争吵场景被荷马记录在史诗作品《伊利亚特》（*Iliad*）中，并且出现在全书开篇第一幕。

荷马在《伊利亚特》中并没有直接谈到阿喀琉斯和普特洛克勒斯两人相互爱恋，但实际上在某些方面似乎又有其他暗示，书中第九卷写到，他们在接待完奥德修斯（Odysseus）和阿贾克斯（Ajax）的来访后上床就寝的情景，阿喀琉斯和"他从莱斯博斯（Lesbos）那儿带来的福尔巴斯（Phorbas）的女儿，可爱的狄俄墨得斯（Diomedes）并排睡在里间的屋子里"，而普特洛克勒斯则"和美丽白皙的伊菲斯

(Iphis)躺在房间的另一边,伊菲斯是阿喀琉斯在其攻下伊恩尤斯城的斯库罗斯岛时,俘获来送给普特洛克勒斯的"。[2]

这一场景的描写对于他们异性恋关系的安排似乎已经非常明显。但是古希腊时期,那些听荷马讲述史诗的普罗大众们也是这样假设的吗?况且后来荷马应庇西特拉图(Peisistratus)的命令,收集了有关历史资料并记录形成文字。其实听众们关于这个问题的想法也是建立在他们是恋人的假设基础上的,为此,我们从埃斯库罗斯(Aeschylus)的作品(已经遗失的戏剧作品《密耳弥冬》(*The Myrmidons*))的零星片段中找到了具有权威性的依据,柏拉图所著的《飨宴篇》和埃斯基涅斯(Aeschines)所著的《提马克斯》(*Timarchus*)中也有这方面的记载。[3]然而对于某些生活在远古时期的人们而言,就此问题提出自己的反对意见和看法还是不免让人心中为之一颤,尽管阿喀琉斯是关系中年纪较轻者,或者只是人们认为如此,在古代有关这个故事或者类似的描述中,阿喀琉斯通常以没有须髯的俊美形象出现,而普特洛克勒斯则是满脸络腮胡须,阿喀琉斯被认为是主动示爱的,扮演着施爱者(erastes)的角色,而普特洛克勒斯是被动接受的,因此也就扮演着接受者(eromenos)的角色。然而这些看法在很多方面却扰乱了人们通常能接受的正常秩序:施爱者的角色常常意味着须髯如戟的男性,而接受者的角色则一般是眉目清秀的男孩,通常都是大约12岁(这是古希腊人为此设定的最低合法年龄)到17岁,尚未长出太多明显可见体毛的男孩。

其实将阿喀琉斯确定为施爱者角色的责任应该归咎于埃斯库罗斯,在柏拉图的《飨宴篇》中,斐德罗(Phaedrus)就曾因此提出了强烈的反对意见，并争辩说基于阿喀琉斯没有须髯的俊美形象，必然应该作为接受者。色诺芬在他自己所著的《飨宴篇》中通过苏格拉底表明阿喀琉斯和普特洛克勒斯不是恋人，也没有任何先期征兆会影响到《伊利亚特》全书故事的展开，后来埃斯基涅斯曾回应说，任何受过教育的人都能从字里行间读懂，并领会事情的真相究竟是怎么一回事。

有证据显示好男色者的娈童恋传统——所谓男人和男孩之间的爱情——出现在特洛伊战争结束很久之后的历史时期，至于其具体是从什么时候、从哪个历史事件开始的，无论如何在此都是不合时宜展开讨论的事。然而当时如果没有这种传统观念的存在，阿喀琉斯相对普特洛克勒斯所具有的显而易见的社会优越性，或许无论如何都必然会造成本质上有别于那些想要驾驭和控制这种关系的人所描述的结果，当然前提是这种关系确实存在。然而还有其他学者们认为，这种好男色者的娈童恋关系在历史上是很普遍的现象，并且在史前的欧洲大陆，这种关系曾经作为社会结构的重要组成部分一度广泛流行。

尽管阿喀琉斯和普特洛克勒斯各自的年龄经过历史验证，确实存在误传的可能，而且在《伊利亚特》第一卷中，雅典娜突然出现在阿喀琉斯身边，并制止他拔出利剑刺向阿伽门农（他们为了女俘布里塞伊丝（Briseis）而发生争斗）。书中荷马用"毛发粗浓杂乱"来形容阿喀琉斯健硕的胸部，似乎从某方面暗示了他的成熟，虽然他也描写过阿喀琉斯满头"金黄色"的头发，这似乎又暗示着他依然年轻，因为众所周知，所有的金发都会随着年龄的增长，颜色逐渐加深。

可以说没有任何一条证据具有决定性的意义，尽管随着时间的流逝和代代相继的传统，足以让阿喀琉斯和普特洛克勒斯两人是或者曾经是恋人的断言完美到貌似可信，抑或只是不被任何关于两座雕像之间想象中信以为真的不同之处所干扰。但我们在此要着重强调，通过亲自观察而不仅是被人告知，他们作为朋友，彼此之间是如何亲密、拥着各自的情妇宿于同一间屋子能让人联想到的场景，是多么泰然自若和无拘无束，可谓伟大友谊的真实写照。

然而看起来似乎有大量事实证明了葛德温所认为的存在于关系中的不平等理念。在荷马史诗第一卷中，当传令官过来将布里塞伊丝从阿喀琉斯处带走，并送给阿伽门农时，普特洛克勒斯按他"亲爱的朋友"的要求，从帐篷中将她掠走并亲手交给了阿喀琉斯。在荷马史诗第九卷中，当奥德修斯和阿贾克斯由于特洛伊人在战争中越来越占上风，形势越来越危急，而去恳请阿喀琉斯重新披挂加入战斗时，阿喀琉斯指示普特洛克勒斯摆上碗碟，并调配好酒水来招待客人。荷马在书中这样写道："普特洛克勒斯按亲密伙伴的盼咐将事情全部办妥，"并且普特洛克勒斯接着继续为在场的所有人烹制晚餐，他不断添加柴火，并在火上烤炙绵羊和山羊脊背肉，以及"肥美的猪脊骨"。阿喀琉斯用刀把肉切开，交给普特洛克勒斯，后者亲手围着面包摆成一圈。然后阿喀琉斯让普特洛克勒斯完成祭神仪式后，所有人才一起开始正式进餐。

尽管来访的客人尽最大努力劝说阿喀琉斯动动怜悯之心，但阿喀琉斯断然拒绝了他们的请求。用过晚餐后，奥德修斯和阿贾克斯悻然告别离去。但是年老的菲尼克斯要继续留下来过夜，因此阿喀琉斯又让普特洛克勒斯为他准备床铺和被褥，普特洛克勒斯作为管家，命令仆人们为老人摆放好床垫,并铺上精美的亚麻布寝具。

所有这一切都显示了普特洛克勒斯的仆人身份,即使他正如荷马所认为的那样,是阿喀琉斯的"挚友"。这种不平等印象在书中第十七卷,普特洛克勒斯被描写成阿喀琉斯的侍从而进一步得到补充和强化。在书中第十一卷,当阿喀琉斯从他的战舰尾部观察到战争形势对希腊人来说有多么糟糕时,他叫来普特洛克勒斯,并告诉他,自己刚刚看见年老的涅斯托尔(Nestor)正扛着一位受伤的战士回了营地,并且命令他前去探明受伤的人究竟是谁。他命令普特洛克勒斯飞奔回去探问,涅斯托尔邀请他走进自己的帐篷稍事休息,但普特洛克勒斯回答说,"尊贵的先生,我或许不能从命久待,您也不要再劝我走进营帐。派我前来打探的不是一位爱开玩笑的闲混之人……我现在已经知道受伤的人是谁了,我必须回去告诉阿喀琉斯,您知道他是一位多么严厉可怕之人,随时准备于无可谴责之处大加责备。"[4]这些话听起来似乎不甚动听,普特洛克勒斯似乎对阿喀琉斯愤怒时的举动心生余悸,他们之间实际的关系远比葛德温所证实的理论看起来显得更加不平等。

虽然如此,普特洛克勒斯还是接受了涅斯托尔的建议,穿戴上阿喀琉斯的铠甲,在引出密耳弥多人(Myrmidons)之后转身返回。在这次征程中,他结识了另一位朋友,欧皮卢斯(Eurpylus),后者因为在战争中大腿中箭而蹒跚前行,普特洛克勒斯停下来帮助了他。在特洛伊人最终攻破希腊人修筑的长长的防御城墙,并向战舰挺进的过程中,普特洛克勒斯一直安静地待在欧皮卢斯身边,"不断地和他消遣交谈,打发时光,并且在他的大腿上敷上草药缓解疼痛。"眼看作为东道主的希腊人最终赴死的致命危险越来越近,普特洛克勒斯争先一步抢在了前面。"我知道你现在很需要我的陪伴,"他对欧皮卢斯说,"但是我不能在此待太长的时间,因为马上还有一场更加激烈的战斗需要我继续投身其中,现在我会让一位仆人来照顾你,我必须赶紧回到阿喀琉斯那儿去,尽我所能说服他继续参加战斗,或许神能帮我达成劝说他的愿望,一个明智的人是应该听听朋友的意见的。"[5]

当普特洛克勒斯跑向阿喀琉斯时,欲置希腊人于危险境地的特洛伊人已经越来越近,并且正对希腊战舰展开火攻,普特洛克勒斯此时为他的战友们所面临的必死命运而放声哭泣,"当阿喀琉斯看到普特洛克勒斯到来,并失声痛哭时,他为自己愧对朋友而抱歉地说:'普特洛克勒斯,为什么你要像一个幼稚的孩子跑向他的母亲那样请求被抱起和带走呢?'"普特洛克勒斯这样回答:

> 我是在为即将降临到希腊人身上的巨大灾难而哭泣,我们的神勇斗士们正伤痕累累地倒在自己的战舰上……哦,阿喀琉斯——你就如此冷酷无情吗?或许我不会再有机会培养出你曾拥有的那份激情来伤害你自己一世的英明!将来会有谁能谈论起你,除非现在你拯救了希腊人的命运?你会不留遗憾地了解这一切的。珀琉斯(Peleus)已经不再是你的父亲,或者说西蒂斯(Thetis)也不再是你的母亲,而这片灰色迷茫的大海和这座峻峭冰冷的山崖取而代之成为了你的父母,他们就像你此刻同样地冰冷残酷和无情无义……至少可以把我交给密耳弥多人,让我穿上你的坚固铠甲,特洛伊人可能会错把我认作是你而放弃这场战

斗，给承受着重压的希腊人一些喘息的机会吧。[6]

阿喀琉斯被普特洛克勒斯这些发自肺腑的坦率而真诚的话语"深深打动"，这就是朋友之间彼此思想的充分展露。尽管这席话并不能缓和他对阿伽门农的愤怒之情，但他还是下定决心接受了普特洛克勒斯的建议。当普特洛克勒斯穿上阿喀琉斯特有的人形铠甲，走过营地唤醒所有的士兵，接着密耳弥多人成群结队地走出了他们的营帐，普特洛克勒斯"用最高的声调"召唤着他们，"密耳弥多人，珀琉斯之子阿喀琉斯的跟随者们，像真正的男人那样，我的朋友们，用你们神勇的力量投入战斗吧，我们将为珀琉斯之子赢得荣耀，他是希腊之舰最为重要之人——他和跟随他一起战斗的人们……"[7]这种景象令特洛伊人陷入一片混乱与困惑之中。他们一边慌忙撤退一边奋力应战，普特洛克勒斯驾驶着他的两轮战车投入到战斗最激烈的地方，在特洛伊部队准备逃脱时切断了他们的去路，一路追逐，进行疯狂的杀戮，直到特洛伊城墙边，如果不是太阳神阿波罗以此事并非他基于自身天命而应该采取的行动为由，警告他放弃，不然他应该已经对特洛伊城进行了攻击。[8]

当然也是阿波罗搬出所谓命运律法，阻止了普特洛克勒斯接下来可能会采取的更加强有力的行动。他在普特洛克勒斯的背部重重一击，正好打在了两块肩胛骨中间，令其陷入一阵眩晕之中，在普特洛克勒斯尚未完全清醒过来之前，一位特洛伊战士将手中的长矛刺进了他的背部，接着赫克托（Hector）又将长矛刺进了他的腹部，并且用脚踩在普特洛克勒斯的胸部，将长矛拔了出来，然后认出了他的盔甲——阿喀琉斯的盔甲。[9]在这一天的剩下时间里,双方围绕着争夺普特洛克勒斯的尸体进行着激烈的战斗,双方都希望能够得到"珀琉斯舰队之子"的身体。[10]

随着普特洛克勒斯不幸阵亡,特洛伊人再次开始占据上风。信使安提洛科斯(Antilochus)被派去向阿喀琉斯报告了普特洛克勒斯的死讯,然而此时的阿喀琉斯已经开始陷入恐惧之中,因为他看到希腊人正再次被迫向自己的舰队一步步后退。[11]这预示着某种不可避免的失败结局已经成为了现实。

当阿喀琉斯听到安提洛科斯向他报告的普特洛克勒斯阵亡的消息,难以抑制的悲伤之情顿时就像乌云般笼罩在他的心头,他用双手从地上捧起满满一抔尘土,高高举过头顶,然后松开双手任由其慢慢地洒落在自己的头上,那张原本清秀俊美的脸庞也因为巨大的痛苦而逐渐变形,尘土落在他那平整簇新的衬衫上而污秽一片,但他似乎丝毫也没有察觉。他庞大的巨人般的身躯仿佛被突如其来的悲伤之箭击中,并且轰然倒下,直直地躺在脚下的荒原之上,不停地用双手撕扯着自己的头发。阿喀琉斯和普特洛克勒斯在战场上俘获的女奴也因为悲伤而爆发出令人心悸的尖叫,她们不断疯狂撞击自己的胸部,但因为四肢被束缚住而难以借助身体来表达内心的痛苦。同时安提洛科斯因为担心阿喀琉斯在神志不清的状态下会刺伤自己的身体而俯卧在他身上,并紧紧握住他的双手,任其发出痛苦的呻吟。阿喀琉斯发出了响彻云霄的呐喊,并紧接着号啕大哭起来,他的母亲听到这如雷般的哭声,就仿佛当年她在深不见底的大海深处,坐在年老的父亲身边,当时她也曾发出过如此尖锐到几乎刺耳的声音,那声音引来了所有居住在海洋深处的海神涅柔斯(Nereus)圣洁美丽的女儿们,她们纷纷赶来围拢在她身旁。[12]

阿喀琉斯的刻骨悲痛并非仅仅因为他失去了一位最心爱的朋友,而是因为他没能守护在普特洛克勒斯身旁保护他。"阿喀琉斯满含深切悲痛地说道:'此时此刻我只想随他一起死去,因为我没能在我的伙伴需要的时候解救他,他就像一颗孤独的流星默默坠落在远离家乡的疆土,在他最需要我的时候,我却没能在他身边伸出援助之手。'"[13]

阿喀琉斯的母亲,银足的西蒂斯,安排赫菲斯托斯(Hephaestus)为阿喀琉斯重新打制了一套盔甲,已然心急如焚的阿喀琉斯不得不等到第二天穿上全新的盔甲后才能出发去找赫克托报仇雪恨。但是令希腊人欢欣鼓舞的是,他重又登上了城墙边的护城壕,并且如猛兽咆哮般地向着天空大叫了三声,这叫声让特洛伊人陷入一片恐慌,也令饱受失败之耻的全体希腊人重新燃起了信心之火,这股强大的信念之力激励着希腊人最终打败了赫克托,并把特洛伊人从普特洛克勒斯的尸体旁赶走,从而顺利地把普特洛克勒斯的尸体带回到阿喀琉斯身边。[14]

那一夜,全体密耳弥多人都陪伴着阿喀琉斯,他们围坐在"全身凝结的血痕已被清洗干净的"普特洛克勒斯的灵柩旁,默默哀思,直到天明。第二天,阿喀琉斯穿戴好神专门为其制作的精致盔甲,再一次走向了战场,英勇善战的阿喀琉斯率领着希腊战士所向披靡,利剑到处所向披靡,留守在城墙外的特洛伊人被步步逼退,失守的城池和疆土重又回到了希腊人手中,最后阿喀琉斯亲手杀死了赫克托,带着满腔的愤怒和悲伤,他把赫克托的尸体绑在自己的两轮战车后,拖着绕特洛伊城墙跑了三圈,以令其蒙受羞辱。[15]

就在那天夜里,普特洛克勒斯来到阿喀琉斯的梦里,对他说:

"请别让我的尸骨离开你,阿喀琉斯,请守护着它,甚至就如同我们曾在你家里一起长大时那样,那时墨诺提俄斯(Menoetius)把还是孩子的我从奥泊伊斯(Opoeis)带到你身边……你的父亲珀琉斯把我带到他的屋子里,好心地恳求我,把我指定为你的随从。因此,让我们的尸骨安息在同一个骨灰瓮中吧,就是那只你母亲送给你的双耳金瓶。"阿喀琉斯回答道:"哎呀!真诚的心,我会按你所说的去做的,慢慢地靠近我吧,让我们再一次手臂挽着手臂,在分担悲伤痛苦时寻找慰藉。"他向普特洛克勒斯张开自己的双臂,仿佛能够向他述说并紧紧拥抱着他一样,但是身边什么也没有,灵魂就像一团水汽般消失得无影无踪……阿喀琉斯赶紧跳了起来,双手用力地拍打,又握在一起,默默地哀悼。[16]

普特洛克勒斯的葬礼过后,阿喀琉斯接着奖赏了为这场战争取得胜利做出突出贡献的佼佼者,并且为欢庆胜利举办了热闹的酒宴,在欢快和愉悦中身心得到满足的人们相继进入了沉沉的梦乡。

但是阿喀琉斯仍然因为对逝去的亲爱战友无比深切的思念而

默默独自哭泣,令所有人为之躬身屈首的睡眠之神也无法将他掌握在自己的股掌之中。富有男子气概的对普特洛克勒斯的怀念力量让他翻来覆去,辗转难眠,他回想起他们曾经一起做过的所有一切,以及共同在战场上和令人厌烦的海浪上所经受的一切。过往的事情一幕一幕不受控制地在他的眼前闪现,痛苦的泪水也难以抑制地一滴一滴从他的眼角滑落,悲伤之情能够宣泄的唯一途径只有哭泣,他躺在床上,或侧,或仰,或俯,都难以入睡,最后不得不起身,走出了营帐,心烦意乱地独自一人在海滩漫步,他看着第一缕曙光照射在沙滩和海面上,于是便唤起了骏马,驾着自己的两轮战车,把赫克托的尸体绑在战车后面拖着,绕普特洛克勒斯的坟墓跑了三圈,然后跳下战车回到了帐篷中,任由赫克托的尸体直挺挺地脸朝下躺在地上。[17]

阿喀琉斯和普特洛克勒斯之间的友谊关系无疑足以符合葛德温式友谊中关于双方当事人身份和地位不平等的观点,但是经过深思熟虑,人们认为情况之所以如此,是因为一方当事人在自然和社会属性方面的先天条件优于另一方,从而让人感觉他们之间的关系并非友谊,正同葛德温所认为的那样,然而这种关系当然就是葛德温式的友谊,因为其中一方当事人在自然和社会属性方面确实优于另一方。阿喀琉斯是一位尊贵的国王,哈姆雷特是一位优雅的王子,因此阿喀琉斯和普特洛克勒斯之间的关系,就像哈姆雷特和霍拉旭(Horatio)、海尔王子(Prince Hal)和福斯塔夫(Falstaff)一样,被先天的阶级地位所决定。人们彼此无法成为朋友的主要原因,是因为一方相对另一方在某些方面存在的优越性，除非他们的友谊是建立在地位较低者想要获得某种利益，或者出于提升自我目的基础之上，人们通常认为基于这种目的所建立的友谊，从根本上来看并非真正意义上的友谊。与其相反，友谊关系中似乎必然存在某种共同的观点和兴趣，以及当事人双方在能力和道德品性方面的某种相似性，因为任何两个或者更多人相互之间产生连接时，常常无法顾及其他理由，也就是那些完全相同的社会理性，以及自然天赋中存在的其他不同，或许这些因素会让他们相互分离。

2. 大卫和乔纳森

在阿喀琉斯和普特洛克勒斯之间所出现的等级不平等问题，同样也发生在《塔纳赫》（Tanach）（基督教称之为《圣经旧约》的著作）之《撒母耳记（上）》中的大卫（David）和乔纳森（Jonathan）之间。《圣经》故事在叙述过程中总有种随心所欲的意味，通常为了便于某位神灵适时介入，而常常随意加以改动、解释、评价和粉饰，给人前后矛盾、变幻莫测之感——同时这位突然出现的神灵在其他某个时间，又同样随随便便就消失了，这也造成《圣经》故事总体给人比较怪异的独特感受。在此只简单节选《撒母耳记（上）》所讲述的故事中的以下一些片段作为论述的背景资料：传说以色列国第一位国王扫罗王年轻时，有一天外出找寻父亲丢失的驴。神的信使撒母耳（Samuel）看见了他，并在神的催促下选择由他登上以色列国王的宝座，但后来神又因为扫罗王违抗命令而对自己的选择感到后悔，并命令将所有亚玛力男人、妇女、孩子和牲畜全部杀死。扫罗王选择让亚玛力最好的牲畜以及国王阿加格（Agag）留下来继续活命。当撒母耳以神的名义规劝他时，扫罗王把阿加格带到他面前，并把阿加格砍成一小块一小块的碎片。[18]

但阿加格的碎尸万段仍不足以调和神、撒母耳和扫罗王之间的关系，因此神派撒母耳去为伯利恒（Bethlehem）的耶西（Jesse）众多儿子中，已被确认为以色列王国下一任国王的那一位抹上神圣的油膏，而这一位被选中继任王位的孩子就是大卫。[19]扫罗王被神所抛弃的经历致使他不断受到邪恶灵魂的折磨，那种难以泯灭的痛苦需要得到他人的安抚，侍奉在扫罗王身边的人发现大卫能弹奏一手非常优美动听的七弦竖琴，而且在其他方面也表现出多才多艺的独特品性，于是大卫顺理成章地被推荐给了扫罗王。当大卫在扫罗王面前用七弦竖琴弹奏起优美的乐曲时，那宛若仙乐的美妙乐音让扫罗王重新焕发了生命活力，邪恶的灵魂也因此从他的身体上仓皇逃离，此后扫罗王就把大卫留在了自己身边。[20]

当时以色列王国正因为异族非利士人（Philistine）盗走约柜（Ark of Covenant）而长期处于持续不断的交战之中。有一天，两国军队越过介于以拉（Elah）和索苛（Socoh）之间的山谷相互对峙，非利士人的统帅，巨人歌利亚（Goliath）向以色列王国发起了挑战，意欲进行一场单人搏斗一决胜负。大卫毅然接受了挑战，他随身只携带了一把投石器和五颗光滑的石头就单独步行前去应战，歌利亚对大卫的这种应战行为极为不屑，然而大卫只用了随身携带的五颗石子中的一颗，便正好击中了巨人的前额，而令其当场毙命。[21]

当扫罗王因为大卫的这次意外胜利而对其大为称赞时，扫罗王的儿子乔纳森(Jonathan)就默默站立一旁,似乎就在那一刻,他便陷入对大卫的爱恋之中。"在大卫结束与扫罗王会话的那一刻,乔纳森的灵魂仿佛就和大卫的灵魂交织在一起,并且乔纳森爱他就如同爱自己的灵魂,扫罗王当天就决定把大卫从他自己的家中带走,并且要求他从此不许再回到生父的住处。而且乔纳森和大卫接着相互也立下了盟约,因为他爱大卫就如同爱自己的灵魂。乔纳森还脱下自己身上的长袍送给了大卫,包括他的盔甲,甚至还送上他的剑、他的弓和他的腰带。"[22]

扫罗王任命大卫取代他成为军队指挥,大卫也非常成功地担任着这一要职,后来扫罗王甚至把心爱的女儿米夏尔(Michal)嫁给了大卫。当时在以色列王国的妇女中流行着这样的唱词:"扫罗王杀敌数以千计,大卫杀敌则数以万计",日复一日,扫罗王心中对大卫的嫉妒之火逐渐升腾起来,他秘密谋划着指派大卫去执行一项危险艰巨的任务,从而可以悄无声息地结束他的性命,这个任务就是割下一百名非利士人的包皮。然而大卫却给他带回来两百个。[23]

扫罗王又决定让他的儿子乔纳森和亲信的仆人一起去杀死大卫,但因为对大卫的"一往情深",乔纳森悄悄向大卫警示了他所处的生命攸关的危险情境,接着又成功说服并制止了扫罗王的暗杀企图——但这一切都只是暂时的,因为不久之后,扫罗王又试图亲自用力投掷剑矛来刺死大卫。然而大卫又侥幸逃过了一劫,在大卫逃走后,扫罗王还安排了特别的线人监视他的住所,并试图抓住他以置他于死地。[24]

大卫前后几次都因为有乔纳森的保护和帮助而得以保全性命,从此扫罗王便将他的愤怒转向了乔纳森，他的愤怒来自以下原因：

> 你这个该死的违背常情、叛逆不道的妇人，难道我不知道你心里已经认定，要不顾一切为了那位同样该死的耶西（Jesse）的儿子，而彻底葬送你一生的清誉，并且令你已然赤身裸体的母亲为此而终身受人羞辱吗？因为只要耶西的儿子还活在这个世界上一天，那么你和你的王国将永远没有立足之地。你派遣仆从去把他带到我身边来吧，因为他注定有一天必定要死在我的手里。接着乔纳森答复他的父亲扫罗王道，"你为什么如此决绝地非要置他于死地？我不知道他究竟犯下了怎样的滔天罪行？"对于乔纳森的发问，扫罗王并没有回答，只是毫不迟疑地将握在手中的长矛用力向他的儿子投去，并将他击倒，乔纳森因此也毫无疑问地断定他的父王已经下定决心要处死大卫，内心突然涌起的强烈愤怒令他难以平静，他猛地一下从餐桌上站起来转身离去，并且当月的第二天也没有咽下一口食物，他为将要永远失去大卫而悲痛不已，更为他父亲的所作所为感到万分耻辱。[25]

不久以后，这两位情深意切的挚友相约在一个秘密的地点会面，"他们相互亲吻并且抱头痛哭，大卫哭得尤其伤心。乔纳森对大卫说：'平静地离去吧，因为我们已经以主的名义发过誓，'主将会永远守护着你和我，以及你和我的子孙后代。'"[26]

然而扫罗王和乔纳森在一场与非利士人展开的战斗中先后丧生，而且为了不成为非利士人的俘虏蒙受耻辱，扫罗王用自己的剑结束了生命，大卫得知这个消息后失声恸哭，他把自己所有的悲伤都寄托于一首动人的诗歌中:"乔纳森无比骄傲地躺倒在那高贵圣洁之地,我为你的离去感到悲痛,我亲爱的兄弟乔纳森,我是多么荣幸曾经有你陪伴在我身边,你对我的爱是如此神奇非凡,几乎超出所有女性奉献给我的情意。你的爱是降临在我身上无比强大的力量,足以令所有战斗中的武器腐朽枯萎!"[27]

有关乔纳森和大卫的故事被如此叙述的版本非常少见,但却是证明这种关系存在的强有力证据,而且其中某些特点立即得到了确认,其中之一是,故事中乔纳森对存在于人类最崇高形式友谊中的亲密关系之自然天成且毫不造作的观点,如此频繁地举例加以说明,有心人一眼就能看出他对大卫所产生的一见钟情式的好感。另外一点就是,他们之间所形成的情感连接如此强烈、难以分割,并且乔纳森对大卫的爱意已然"超越了所有女性所拥有的爱恋之意"。他们相互之间热烈地亲吻、深情地拥抱,完全忘却了乔纳森是位高体尊的王子,也是国王的爱子,而大卫只不过是身份极为普通的人。乔纳森非常尊重大卫并听从他的意见,承诺即使今后大卫取代自己成为统治和管理以色列王国的国王,也会一直陪伴在他身旁,一如既往地支持和辅佐他。乔纳森无疑在社会地位方面相对于大卫而言具有得天独厚的优势,但却不得不承认在个人品性和天定命运方面稍逊一筹,这些看起来似乎在两者之间达到了某种平衡。他们相互非常"和蔼可亲并愉快地相处",并且彼此都深爱着对方,互相怀着超越一切女性的深情,并公开承认那份深情中充满了激情,无论从同性社交或者同性情欲角度都是如此。

《圣经》故事在讲述过程中通常对时间进行压缩和歪曲,以至于后人既无法从故事脉络中了解他们在一起相处的时间究竟有多长，也无法知道他们各自的年龄。由于故事中还谈到大卫曾迎娶乔纳森的姐妹为妻，依此可以断定他们之间按理应该是姐妹夫和内兄弟的关系，那么顺理成章，也可以想见他们有一段时间曾共同居住在一座城池之内，并且作为军队首领的两位男性也曾无数次并肩奔赴战场，而且在扫罗王内心疯狂的嫉妒之情尚未萌生从而没有迫使大卫亡命天涯般地四处逃窜之时，他们应该可以随时见面。当然这些只能是一种猜想，而且是在极其微弱的线索和证据之下的凭空猜测。

于是基于同样微弱证据的争论也以相同的轮廓形式相继展开了。犹太法师出身的评论家们开始利用这则故事来说明无私之爱历久弥坚的永恒特性，同时强调其与只是建立在既得利益和实用价值基础之上、有始无终的露水之爱所形成的鲜明对比。而基督教背景的作家们则更愿意把这种关系看作是柏拉图式的纯精神友谊，属于传统教义无法避免的必然选择，尽管这种传统教义公然将充满情色性欲的《圣经·雅歌》(Song of Solomon) 当作对教堂中神之爱的更加委婉的一种隐喻。[28] 但是在中世纪阶段和文艺复兴时期，有些人对此发表了不同的看法。因此，公然保持同性恋关系的爱德华二世 (Edward II) 和皮尔斯·加维斯顿 (Piers Gaveston) 被明确地比作近当代的阿喀琉斯和普特洛克勒斯以及大卫和乔纳森。[29] 在历史学家罗杰 (Roger of Hoveden) 撰写的《编年史》(Annals) 中所记载的法国国王菲利普二世和英格兰国王理查德一世（"狮心王"）之间的关系也受到了同样的待遇，他在书中具体描述如下："阿基坦 (Aquitaine) 的理查德公爵（也就是后来的理查德一世），英格兰国王的儿子，和法国的菲利普国王并驾齐驱、出双入对，他们非常庆幸能够相依相伴如此长久，他们每个白天同桌而坐，一起分享相同的美食；每个夜晚同榻而眠，共同迎接晨曦的清芬。这位法国国王对他情人的爱恋，就如同与自己灵魂情意绵绵的爱恋，他们彼此如此喜爱着对方，甚至令英格兰国王因为得到这样一份意想不到的爱情而感到格外震惊，并将其视为奇迹。"[30] 然而这段香甜似蜜的爱恋并没能维持太长的时间，紧接着双方代表着各自的国家走上了战场，并戏剧性地成为了敌人。

罗杰在记录这段历史事件时，将其认同为涉及同性性关系的案例，而不只是程度强烈的纯粹友谊，而且在《编年史》中还进一步讲述了当理查德成为英格兰国王时，曾经有一位隐士大声训斥并警告他，长此以往，将会受到和索多玛（Sodom）人同样的惩罚。他告诫理查德："'戒除和放弃你所深深迷恋、无法自拔的这些非法勾当吧，如果你做不到这一点，神的报复就会降临到你的身上，并彻底将你压倒，让你难以翻身。'但是这位英格兰国王对现实世界中这些给他带来愉悦的真实情境的关注，远胜于对神所关心的那些事情，他并没有做好准备彻彻底底地从脑海中将这些所谓的非法勾当全部清理干净。"[31]

然而对男性同性恋者来说，把大卫和乔纳森之间的关系明白无误地诠释成为同性之间的情欲是非常自然的，多纳泰罗（Donatello）和米开朗基罗（Michelangelo）在他们的作品中将大卫刻画和描述成英俊迷人且富有影响力的人物，也是符合这个观点的。他们能合法、合理地这么做的关键原因，大部分来源于《圣经》故事中把大卫描绘得非常英俊迷人这一事实依据，而且当某人美丽的身体成为吸引他人目光的部分原因时,这样的想法就显得更加自然,因为身体之美无疑会增加引人注目者的个体魅力。乔纳森对大卫的爱恋就是瞬间爆发而产生的一见钟情,也就是那种在我们的日常生活中,当人们被另一个人的外貌所吸引时,即刻便能感觉到的基于性欲反应的强烈兴趣。

另一方面,犹太传统特别强烈地反对同性性行为,并且自古以来,对这种行为的惩治手段都是相当苛刻和严酷的。《圣经》故事表明大卫和乔纳森都已娶妻生子,因此完全可以断定,他们两人曾经都是异性恋男子,那么他们所感受到的彼此之间"超越所有女性之爱"的情爱,或许就是纯粹精神理智和情感上的那种爱恋关系,也就是所谓的友谊,那种最直言不讳的直接意义上的友谊。抑或关于这则故事还有其他的解释版本,人们或许常常用他们的个案来表达许多男性之间维持的与性欲无关的亲密关系。关系当事人在很多适当的环境下,都曾互相给予对方身体方面极为美好的印象,但自身或许还没有完全意识到这种美好印象来自于性方面的吸引,而且更准确地说,正因为毫无意识,这种关系才更加体现出真挚、忠诚和强烈的意味,然而从友谊这个术语最简单纯粹的意义上来理解,这种关系再次与友谊画上了等号,即使其中含有某种让人不得不产生遐想时所涉及的那种无法言传的深刻含义。

3. 拿俄米和路德

在所有涉及女性之间忠诚友谊典范的古代文学作品中,《路德记》(*The Book of Ruth*)可谓声明最著。这本书开篇第一章便讲述了一位名叫拿俄米(Naomi)的寡妇的故事。她的丈夫和两个儿子都先后离开人世,只留下她和两个儿媳相依为命。拿俄米打算回到自己的家乡犹大王国(Judah)度过残年,因此她让两位儿媳各自回到自己家中,与父母一起生活,因为她年事已高,不会再有儿子可以娶她们为妻。"你们还是回娘家去吧!你们对自己的丈夫和我都很好,希望你们可以找到一户好人家,重享家庭之乐。愿主好好待你们,就好像你们善待我和我已死的儿子一样。"拿俄米说完了,就跟她们吻别,她们就放声大哭起来,说:"不!我们要跟你走!"[32]

其中一位名叫俄珥巴(Oprah)的儿媳听从了婆婆的安排,默默地告别离去,但另一位名叫路得(Ruth)的儿媳,却"依依不舍,不肯离去",并拒绝离开这个家,"不要催我,也不要逼我离开你。你往哪里去,我也要往哪里去;你住在哪里,我也要住在哪里;你的国就是我的国,你的上帝就是我的上帝;你死在哪里,我也死在那里,也葬在那里。只有死才能够把我们分开;不然的话,愿上帝重重地惩罚我!"[33]于是婆媳俩相依相伴回到拿俄米的家乡犹大王国。后来一切又转危为安,拿俄米在家乡重新为路得寻到了一个丈夫,她和这位丈夫共同生养了一个儿子,名叫俄备得(Obed),也就是耶西的父亲,而耶西后来生下了大卫。

这则《圣经》故事照例像其他《圣经》故事一样,具有适应各种人群的多重性特点,对于像路得这样中途改变信仰的犹太基督教信仰者、女同性恋人群、那些对女性或者媳妇角色抱持传统道德观点的人们,以及那些更加委婉地理解故事寓意的人们来说,这则《圣经》故事分别呈现出迥然相异的不同意味。还有学者曾经指出,关于这则故事可能还存在其他更新的版本,而且为这则短篇故事戴上具有希腊文化时期色彩的或许存在于所有类似作品写作风格上的面具。[34]这则《圣经》故事中的人物角色都被安上了与故事主题相匹配的名字,例如拿俄米有"亲切和蔼之人"的意思,但是丈夫去世后她要求人们叫她"玛拉"(Mara),因为这个名字意味着"充满辛酸的人",而路得则意味着"朋友",还有其他的一些名字各自都有不同的含义。

总而言之,这是一则关于友谊的故事。尽管有些人尽其所能、牵强附会地声称,从"路得爱着拿俄米"中所使用的"爱"这个字眼,和《创世记》(Genesis)中所说的"亚当爱着夏娃"中用到的"爱"这个字眼意思相同这个事实,能够推断和证实她们之间存在同性恋关系,然而这种友谊是如此的开门见山、直截了当——就像夫妻之间或者其他涉及性欲的情爱关系中类似的"配偶之间理应互相感受对方的感受"一样。[35]当然如果能够从其他方面证实这个推断结论,那就再好也没有了,然而事实情况却并非如此。《路得记》一书看起来似乎展现了某些从头至尾完美无缺的美好事物,整篇故事可以称得上跨代友谊的典型范例,而且如果正如故事所描述的那样,路得并非天生的犹太人,那么这段友谊还跨越了不同的文化背景。路得与拿俄米分离时所表现出的难分难舍之情,也说明了她内在的依赖倾向,而拿俄米临别时对儿媳们所说的惜别话语,以及自始至终连接着她们的亲吻和眼泪,同时也说明这种依赖倾向是相互的。然而关于其中所涉及的情感特征和来源,在此无法展开详细讨论,只能认为是人与人之间理所当然的反应。

这则基于历史事实写就的《圣经》故事,在今天的人们听来似乎已经像听到趣闻逸事般熟悉,而且因为大多数女性的生命依然被隔离,并主要生活在处处受到限制的家庭环境中,这样一则逸事般的故事在她们听来没有丝毫不适之感。在那种几乎封闭的家庭环境中,她们所拥有的关系形式都是固定不变的,她们的互动对象主要是其他女性和孩子们,偶尔与某个或很少几个男性发生关系,那种关系方式也是更加受到限制和界定清晰的。这种逸事同时也向人们宣告,女性之间的敌意可能会更加痛苦尖刻,但是她们所共同分享并且常常身陷囹圄的伙伴关系,也是充满力量且令人振奋的事实。路得与拿俄米各自代表了两类女性,她们从一个地方转移到另一个地方,不得不面对存在诸多不利的客观环境,并通过自身努力最终成为坚强独立的女性——实际上她们灵魂最后能够得到拯救的关键原因,就在于路得有再婚的可能。她们生存的社会所能提供的防止女性被排除在受帮助领域之外的保护措施,给予她们某种坚定的信念感,而且这则故事也从某个侧面表现了女性之间的友谊是她们克服艰难困苦的基本依靠,这种观点带给世人更加温暖而美好的感受。

4. 狄俄墨得斯和斯特涅罗斯

在荷马时代,第二则常被引用作为友谊典范的是关于狄俄墨得斯(Diomedes)和斯特涅罗斯(Sthenelus)之间的故事。但是狄俄墨得斯在关于他的传说故事的传播和编辑过程中受到了伤害,也有一种说法认为,人们这样做的原因是为了对他表示某种特别的敬意。荷马史诗《伊利亚特》第五和第六卷中,就有一段关于他超凡勇猛、卓尔不群的丰功伟绩的描述,而且这段事迹还曾经一度被单独以诗歌的形式,在人群中赞美歌颂。狄俄墨得斯的名字在上古时期无数次被人们提起和称颂,而且世人将他认定为许多城市的开创者而倍加尊重,当然他所受到的一切钦佩和赞美,与其最终在世人心目中的神圣地位非常相符。然而自从荷马将那首人们特意为赞美他而传颂的诗歌收集并编撰进《伊利亚特》的合集中,这首诗歌因为无法单独传播而失去了对狄俄墨得斯进行赞美的显著和突出效果。甚至从那时起,他被描写成在英勇刚烈和作战技能方面都仅次于阿喀琉斯的第二号重要人物,而且不像阿喀琉斯那样,狄俄墨得斯一生仍然保留着贯穿始终的高尚且尊贵的个性品德。他和奥德修斯之间关系融洽和睦,两人都同样拥有犀利睿智的头脑,而且狄俄墨得斯也是躲藏在木马腹中最终消灭特洛伊人的将领之一。

狄俄墨得斯开始曾作为远征底比斯的七英雄(the Seven against Thebes)之一,也是美丽的海伦(Helen)女神的仰慕者和追随者。海伦女神的众多追求者达成一致意见,无论他们中谁最终赢得了女神的芳心,并得遂心愿娶她为妻,无论今后他们遇到了任何困难,其他追随者都会同时给予他支持和保护。因此在海伦被掠走后,狄俄墨得斯理所应当有责任去帮助墨涅拉奥斯。

只要有狄俄墨得斯出现的地方,就一定有斯特涅罗斯的身影,他们是远征底比斯七英雄中肩并肩作战的战友,又曾经一起藏在木马腹中和特洛伊人展开争斗。《伊利亚特》第五卷记载了当狄俄墨得斯在激烈的战斗中肩膀中箭受了重伤时,斯特涅罗斯把他救出了战场,接着当两位强壮有力的特洛伊战士向他们冲过来时,斯特涅罗斯对狄俄墨得斯说:"狄俄墨得斯,尊敬的堤丢斯(Tydeus)之子,永远留在我心灵深处的男子,让我们一起离开这里吧。"(然而狄俄墨得斯断然拒绝了他的建议，因为他从来没有在任何危险的关键时刻为了贪生而逃离。）事后阿伽门农严厉批评了这一对伙伴，狄俄墨得斯依然平静面对，而斯特涅罗斯却为此忍无可忍地大发了一通脾气。第四卷记载了当希腊东道主正在考虑放弃战斗、收拾行装准备逃离时，狄俄墨得斯表示，即使所有活着的人都已经离开，他和斯特涅罗斯也将坚守战场，一直战斗到所有特洛伊城的塔楼全部垮塌为止。

其实将狄俄墨得斯和斯特涅罗斯紧紧联系在一起的原因，在于他们曾经因为共同的兴趣，一起参加了忒弥修斯（Themistius）以私人名义举行的公开演说。忒弥修斯是公元 4 世纪一位生活在君士坦丁堡的哲学家和演说家，他最著名的一篇名为"论友谊"（On Friendship）的随笔散文就是用希腊文撰写的。这篇文章中所涉及的战斗伙伴案例还引用了其他人物，其中就包括阿喀琉斯和普特洛克勒斯，因为在忒弥修斯看来，他们地位和等级悬殊较大，然而这样一对对比鲜明的伙伴却紧紧依靠在一起。"荷马，正如大家所知道的，他不仅对如何描写友谊之情了如指掌，而且对如何描写战争得心应手，"他在文章中这样写道，"他把普特洛克勒斯描绘成阿喀琉斯的朋友，而且他笔下的普特洛克勒斯温文尔雅，而阿喀琉斯则傲慢自负。他在书中也写到了狄俄墨得斯和斯特涅罗斯，他所描绘的狄俄墨得斯坚忍顽强，而斯特涅罗斯则不能忍受任何傲慢无礼的羞辱行为。"荷马在《伊利亚特》第四卷中举例说明了这一点，当阿伽门农因为狄俄墨得斯和斯特涅罗斯在战场上没有像他们的父亲们那样快速地投入战斗而对他们严厉斥责时，狄俄墨得斯顿时因为对自己的行为感到万分窘迫而安静地站立一旁，但斯特涅罗斯却因为受到阿伽门农的无端训斥而糟心懊恼，他对狄俄墨得斯说道,"请不要撒谎,尊敬的阿特柔斯(Atreus)之子,如果你想要说出事实真相,就按照你所想的那样去做吧!我们认为自己是比我们的父辈更优秀的男人,因为我们攻取了有着七重城门的忒拜城,况且我们比我们的父辈当年想要如此尝试时,所面对的城门更加厚重结实,并且参与进攻的人数也比当年更少,更为不同的是,他们当年在进攻之中失去了生命。"然而这一次又轮到狄俄墨得斯反过来就斯特涅罗斯话语中所谈到的这一点训斥了他:"狄俄墨得斯目光严厉地注视着他,并说道,'保持缄默吧,我的朋友,就像我之前吩咐你的那样,阿伽门农督促和鞭策我们的行为并没有任何过错,因为所有的胜利将会是他的荣耀,而挫败则会成为他的耻辱,让我们从过去的阴影中走出来吧,与勇猛相伴而不带着任何罪恶之感,继续向前开创新的战绩!'"[36]

这段关于友谊的叙述,就人们所关心的如何选择朋友以及一旦建立友谊又如何维持的问题提出了建议。[37]忒弥修斯在书中将自己描写成"真实且诚挚之友谊"的信徒和守望者,并且宁愿为拥有一位真正意义上的朋友而"放弃尼赛亚人的马、凯尔特人的猎犬、大流士的黄金、克里特岛的公牛或者阿喀琉斯的盾牌"。[38]因此他对如何找寻真正意义上的好友也进行了大量的思考。"要建立真正意义上的友谊,首当其冲的是,我们在找寻朋友的过程中,必须要有像选择汗血宝马和精致盔甲同样程度的关注度,那位我们渴望与其结交并成为朋友的人,是否和我们一样喜欢别人接近他呢?他和自己的父母、兄弟、姐妹以及众多亲属相处的情况又如何呢?而且他在生活中展现在周围人们面前,对待自己的欢愉和困苦的情景又是怎样的呢?[39]

"他爱财如命吗?他好嫉妒猜疑吗?他是追求名利之人吗?他是否毫不礼让,永远要成为人中翘楚呢?如果他为人处事斤斤计较,毫不慷慨,如果他无法忍受作为友谊基本条件的平等关系,那么他是否会争强好胜,烦躁易怒,并且会无端生气呢?这种人绝对不能成为友谊关系的候选人,并且对于他,任何孤注一掷地投机取巧的赌注或者心存痴迷的妄想都是行不通的。[40]

"千万不要和那种朋友满天下的人做朋友,可以想见,他们对于数量如此之巨的朋友,怎么可能都以友谊所特有的方式,彼此分享悲悯、兴趣和品位呢?当一些朋友喜欢上了某些令其他朋友困扰的事物,他会偏爱和赞同哪一个群体呢?当他的某一位朋友希望他能分担和抚慰自己的伤痛,而另一位朋友却希望他陪同自己去参加晚宴寻欢作乐,他会选择接受哪一位朋友的邀约呢?"[41]

正如阿喀琉斯和普特洛克勒斯的友谊案例所揭示的那样,朋友之间在应对事件中所涉及的愤怒、积极和倦怠因素时,存在或快或慢、呈相反趋势的响应特性,这对友谊的进展是十分有利的。如果朋友身上所具备的某些特性具有互补性,那么这样的朋友就是匹配良好的,并且双方都能够通过这种互补性达到平衡,并且互有助益。忒弥修斯在书中这样说道:"这就是世人将古往今来的经典友谊故事视为稀世珍宝,百般回味和怀念之原因所在。"[42]

另外,对于人们一旦有幸获得一段友谊,应该如何守护的问题,在此,我们也必须像妥善保管和存放武器与工具那样令其完好无损,或者像我们修缮和维护花园令其井然有序一样,对友谊投入一定的关注,而且投入的程度如果不能高于前者,则起码也必须与之相当。友谊需要当事人双方的维护保养和关心爱护，并且当我们已然承诺与某人成为朋友时，则必须遵守许下的承诺，并以之为傲，这也就是友谊之奥义。

每一次开始都要把拖延和等待搁置一旁，主动去分担朋友的苦难。在他无法入眠的夜晚，陪伴在他的身旁，温柔抚慰；在他身处危机、经济拮据和遭受耻辱之时，不要吝啬你的同情，和他共同面对。不要坐等他的邀请，而要主动伸出你的援手帮他做好一切。保持对每一个有所意味之当下的预感和期待，并尝试着去响应你朋友的每一个需求，不断改变你所扮演的角色：当他身染疾患时成为他的私人医生；当他卷入诉讼案件时，成为他的专用律师；在所有的场合都给予他适当的建议和参考；当他需要做出决定时，充当他的贴心助手……如果命运眷顾你而赐予了良机，一定要带上你的朋友一起向那美好的未来奔去。[43]

为达到我们的目的，他最后强调说，朋友"应该将竞争、争吵和求胜放在一旁，因为友谊无法建立在那些彼此反抗争斗的人们之间，而应该建立在那些战斗中相互帮助的人们之间"。[44]

5. 尼索斯和欧律阿罗斯

如果因为某些特殊原因，长期和平的环境无法实现，能够从天而降引发一段友谊，并且最幸福快乐的机会就是得到诗人的吟诵和赞美，尼索斯（Nisus）和欧律阿罗斯（Euryalus）之间的友谊就是这种情况。他们都是加入意大利埃涅阿斯（Aeneas）队伍并肩作战的特洛伊战士，在军队参加的一次进攻过程中表现神勇，并双双战死疆场。因此，他们之间的友谊故事就像开放在四季常青的传统经典友谊之藤蔓上永不凋谢的美丽花朵，虽然他们的关系所体现出的同性恋色彩和因素似乎比之前所提及且被普遍认可为同性恋的男性伙伴案例更为清晰明了，维吉尔（Virgil）由于体验到其中的某些痛苦，刻意回避了这部分的暗示和隐喻。[45]

卢杜里（Rutulian）部队将一支特洛伊小分队牢牢控制在海湾附近，并切断了其与将领埃涅阿斯的一切联系。有一天，这支特洛伊小分队负责深夜站岗放哨的两位战士就是尼索斯和欧律阿罗斯，尼索斯是一位精通于使用标枪和长矛的英勇战士。而"在埃涅阿达伊（Aeneadae），没有任何男孩能比欧律阿罗斯更加英俊美貌……他未经修饰的绯红双颊仿佛是青春之光映照下最鲜艳的花朵"。他们彼此相爱——"他们都是对方唯一的爱人"，并且一直肩并肩在战场上厮杀。[46]在忠于职守、站岗放哨的同时，尼索斯头脑中反复考虑着一个计划，他想偷偷潜行，穿过正在熟睡的卢杜里人的营帐，到达他们的将领埃涅阿斯所驻扎的地方，向他报告小分队目前所处的困境。他把这个计划告诉了欧律阿罗斯，欧律阿罗斯立刻坚持要和他一起前往。尼索斯试图努力劝阻他，他首先晓之以情地劝告欧律阿罗斯，如果这次行动被察觉而不能成功，需要有人活着为他处理后事、操办葬礼，而且他不希望这次的冒险行动失败，让欧律阿罗斯的母亲失去亲爱的儿子。但是欧律阿罗斯不听劝阻，执意不肯单独留下，因此，他俩一同去向小分队将领汇报了自己的计划并征求意见，将领欣然同意了他们的行动。

他们立刻出发，按计划穿过正在熟睡的卢杜里人的营帐，一步步向前迈进。沿途中，悄无声息地杀死了挡住他们去路的那些卢杜里士兵——维吉尔在诗歌中绘声绘色地描写了他们一路所向披靡的血腥场面，但欧律阿罗斯却犯下了最终令其命丧黄泉、无法挽回的错误，他被那些死于他剑下的卢杜里士兵的盔甲深深吸引，想用来作为此次行动的战利品，其中还包括一顶特别引人注目的熠熠生辉的闪亮头盔。当他们正准备悄悄溜进位于卢杜里人营帐另一边相对安全的阴暗树林里时，一位夜间巡逻的骑兵一眼瞥见了欧律阿罗斯从卢杜里士兵头上取下戴在自己头上的闪闪发光的头盔，从而对他们的行动产生了警觉。

尼索斯安全顺利地逃过了卢杜里士兵的追捕，但是尾随其后的欧律阿罗斯却因为身穿作为战利品的盔甲，负荷过重而未能逃脱，最终落在了卢杜里人的手里，成了俘虏。万分焦急的尼索斯不顾一切，拼命冲杀回来营救欧律阿罗斯，他看到卢杜里人正准备杀死欧律阿罗斯，替那些死于营帐中的战友们报仇雪恨："因为突如其来的巨大恐惧和害怕而几乎陷入疯狂状态的尼索斯大声号叫，再也无法视若无睹地独自藏身于黑暗的树林之中，默默忍受着内心涌动的犹如垂死挣扎般的极度苦痛：'朝我来吧！卢杜里人，把你们的钢刀指向我，我才是做下这一切的罪魁祸首！所有的过失和罪责都是我一个人犯下的，他既没有这个胆量，也没有这个能力，头顶上浩瀚夜空和无所不知的星辰是这一切的目击者：他只不过是因为太爱他那不走运的朋友罢了！'"但是这一切都已经太迟了，一把锋利的剑强有力地刺穿了欧律阿罗斯雪白的胸脯，他"轰然倒在地上，来回翻滚，剧烈的痛楚让他做出垂死前最后的挣扎，鲜血沿着他令人怜爱、匀称健美的四肢慢慢往下流淌，昔日富有曲线的颈项无力地耷拉着，深深地陷入双肩之中，就像一朵鲜艳美丽的花朵被耕地犁田的大镰刀割断，弯着腰迎接死神的到来，或者像一支被突然倾泻而下的阵雨打得直不起腰的罂粟花，无力地低下了疲倦的头颅"。[47]

此时已被内心不断涌动着的深不见底到近乎令人窒息的痛苦之浪完全吞没的尼索斯，已经将此次行动所肩负的要去面见将领埃涅阿斯报告战况并寻求援救的任务完全抛到了九霄云外，要为欧律阿罗斯的死报仇雪恨的强烈愿望驱使着他完全不顾及个人生死，愤然冲向了那群杀害挚友的卢杜里人，拼尽了自己所有的力气，直杀得天昏地暗，但终因寡不敌众，最终卢杜里人的长矛和利剑还是无情地插进了他威武强壮的胸膛，他再也无力抵抗。"接着，被利剑长矛刺穿身体的尼索斯还是拼尽最后一口力气，义无反顾地扑向他的朋友已经毫无声息的身体，平静地走向死亡，去寻找生命最后的安宁，从此幸福成双！如果我的诗句具有神奇的力量，能够让埃涅阿斯的家乡就坐落在都城无法移动的巨石旁，让罗马首领继续统治着帝国，那么永远没有人能将你们从时间的记忆中彻底抹去。"[48]

然而维吉尔的愿望均未能实现。他首先在《埃涅阿斯纪》（Aeneid）第五卷中介绍了这对伙伴，因为尼索斯和欧律阿罗斯是在参加埃涅阿斯为他的父亲举行的葬礼活动中，因竞赛而相互结识的，他们初次相遇的地方就是埃涅伊德（Aeneid）。维吉尔在书中还列举了其他参加活动并集结在一起的人，但"尼索斯和欧律阿罗斯是他们之中出类拔萃者，欧律阿罗斯因为倾倒众生的俊美容貌而名扬四海，他仿佛一朵迎风开放的青春花朵,而尼索斯却因为对这位少年忠贞不二的情感而闻名于世。"[49]他们共同参加的赛跑活动中所发生的一切,似乎预见性地成为他们友谊之情的见证,如果当天尼索斯没有误踩死去公牛流出的鲜血而滑倒,那么凭借他的实力,理所应当会成为这场比赛的赢家,并且假如尼索斯没有意外滑倒,欧律阿罗斯则应该顺理成章地获得第三名,然而尼索斯在滑倒的一瞬间,机智灵敏地顺势将跑在他身后位居第二的选手绊倒,于是欧律阿罗斯意外地登上了冠军的宝座。最终三位选手都得到了相应的奖赏。

维吉尔将尼索斯和欧律阿罗斯之间的爱称为额外之爱(amor plus),其用意是使其看起来似乎是与性欲无关的忠诚友谊。当然毫无疑问,维吉尔这么处理肯定也考虑到罗马传统对流传于军队中的同性性行为极度不满的因素。无论如何,同性恋行为都不能被想当然地认为适合在男性之间传播,即使大众对这种现象的态度总体是包容接受的,但人们通常不太喜欢那些在似乎具有穿透生命力量的致命邂逅中处于被动地位的男性。

尼索斯和欧律阿罗斯的故事之所以成为后人经常引用的友谊典范还有其他原因,因为这对伙伴做好了随时为对方牺牲生命的充分准备。"超越所有男性所拥有过的更加伟大的爱"是他们友情的主题。在巴黎卢浮宫展出的让-巴蒂斯特·罗曼(Jean-Baptiste Roman)有感于尼索斯和欧律阿罗斯的传奇友谊而创作的雕塑作品中,尼索斯被塑造的形象就是跪在垂死的欧律阿罗斯身旁保护着他,他们双手紧紧握在一起,脸部向上,似乎正在望着准备杀死他们的敌人。基于古希腊人认为诸如尼索斯和欧律阿罗斯这对伙伴之间的友谊或许也会进一步发展成风流韵事的人生观,阅读过这则友谊故事的人们或许都会认为维吉尔——假定《埃涅阿斯纪》被赋予的高贵尊严和崇高声望,与罗马起源自身如此重大事件是相一致的,然而两者之间的联系实际上却朝着相反的方向运动,和柏拉图一样,想要超越肉欲而达到更接近精神或者至少是道德层面的某种目标。

6. 俄瑞斯忒斯和皮拉德斯

除此以外,中世纪浪漫主义时期众所周知的艾米丝(Amys)和埃米莱恩(Amylion)、雨果所著《悲惨世界》(*Les Miserables*)中的恩佐拉(Enjolras)和格朗泰尔(Grantaire)、大仲马作品《玛戈皇后》(*La Reine Margot*)中的汉尼拔(Annibal)和若拉克(Lerac)以及其他许多人物,常常与充满神秘色彩的王子俄瑞斯忒斯(Orestes)和皮拉德斯(Pylades)相提并论,他们传奇般的友谊故事几乎出现在每一张记录着一对对英勇朋友的清单上,他们万古长青的友情在格鲁格(Gluck)创作的《伊菲姬妮亚在陶里德》(*Iphigenie en Tauride*)和亨德尔(Handel)著名的混成曲《俄瑞斯忒斯》(*L'Oreste*)中被广泛歌颂。

俄瑞斯忒斯因为自己的母亲谋杀亲夫而将其杀害,以为父报仇。他的父亲就是阿伽门农,母亲名叫克吕泰涅斯特拉(Clytemnestra),这个关于阿特柔斯家族悲惨命运的故事经常被人们讲述,不只是埃斯库罗斯的鸿篇巨制《奥瑞斯提亚》(*Oresteia*)三部曲,还有索福克勒斯的《俄瑞斯忒斯》(*Orestes*)以及欧里庇得斯(Euripides)的《伊菲姬妮亚在陶里德》都曾讲述过这段传奇故事。而且这段故事也成为

148 世界文学史上最伟大的肥皂剧之一：阿伽门农为了让希腊舰队按他的要求向特洛伊行进，不得不以牺牲女儿伊菲姬妮亚的性命作为代价，而且由于他四海征战长达十年无法回家，内心充满愤恨的克吕泰涅斯特拉不得不另觅新欢，最后和情人一起密谋害死了阿伽门农。作为人子的俄瑞斯忒斯为了替亲生父亲报仇雪恨，不得不杀死谋害父亲的仇人，同时又因为犯下弑母之罪，而不得不为逃避复仇女神厄里倪厄斯（Erinyes）三姐妹的惩罚，终生饱受痛苦折磨，当然这些邪恶女神的职责就是惩处那些杀害自己父母之人。俄瑞斯忒斯最终在太阳神阿波罗和智慧女神雅典娜的帮助下，摆脱了这份纠缠不清的痛苦，两位神灵首次尝试着让俄瑞斯忒斯坐在雅典最高法院的法庭上，并有意识地召集人们来对他的罪行进行审判，最终他被宣告无罪释放。

然而对身处友谊关系之中的恋人们而言，这段故事更加吸引人且饶有趣味的部分，是当阿伽门农在特洛伊城作战之时，克吕泰涅斯特拉和她的情人把俄瑞斯忒斯送往她的亲戚福基斯（Phocis）的斯特罗夫斯帝王（King Strophus）的宫廷里居住，因此俄瑞斯忒斯得以和他的表兄弟皮拉德斯一起相伴长大，并且建立牢固持久的友谊之情。当俄瑞斯忒斯听说他的父亲被谋害的消息时，在皮拉德斯的鼓励和支持下，内心暗暗做好了替父报仇的打算，并且在此后为了报仇雪恨而进行的一系列冒险行动中，皮拉德斯一直走南闯北地陪伴在他身旁。有一次他们试图从陶里斯偷走阿尔忒弥斯的塑像，但终因东窗事发，俄瑞斯忒斯不幸被抓捕，并且将被处以死刑。这一次，俄瑞斯忒斯受到复仇女神（Furies）的打击，几乎陷入迷乱疯狂、精神错乱。皮拉德斯小心翼翼地将他嘴角的白沫擦拭干净，并加以细心周到的护理和照顾，俄瑞斯忒斯在他的悉心照料下，又重新恢复了理智，而且神志慢慢恢复正常。然后阿尔忒弥斯的女祭司颁布了一道命令，俄瑞斯忒斯和皮拉德斯中必须有一个被处死，而另一位则必须将死讯带回希腊。俄瑞斯忒斯被选择成为信使，而皮拉德斯则不得不接受死亡的命运，然而俄瑞斯忒斯拒绝接受这个选择，并请求由皮拉德斯来送信，他则取而代之走上刑场。但正巧这位执法的女祭司不是别人，正是幸免于父亲刀剑之下的伊菲姬妮亚，她认出了俄瑞斯忒斯，于是三人结伴，走上了逃亡之路（当然身上还带着阿尔忒弥斯的塑像）。

公元2世纪的希腊作家每每谈及俄瑞斯忒斯和皮拉德斯的故事，必将他们的关系看成恋人多于朋友的是卢西恩（Lucian）（如果把他归属为爱神厄洛斯（Erotes），或者是拉丁语中的阿莫尔（Amores），也是正确的）。[50]在以下这段对话中就提到了这则故事：

> "带着神之爱，去成为他们之间相互感觉的传递者，他们搭乘同一艘生命之舟并肩航行……他们一踏上陶里斯这片土地，对于杀害父亲的亲生母亲的疯狂憎恨就涌上心头，在金牛座流星雨划过天际时，俄瑞斯忒斯被内心疯狂的魔鬼击倒在地。皮拉德斯帮他擦去了嘴角的白沫，并深情地熄灭了他心中的怒火，他用一袭精心制作的美丽长袍遮盖在他怒火中烧的身体上，以这种方式传递出的不仅是恋人，也是父亲一般的感受。当一道命令发布，要选择他们两人中的一个作为信使去给梅西安尼送信，而另一个则要继续留下来接受死刑处置，每个人都希望自己能够留下来受死，从而可以挽救另一个人的性命，并且劝说活着的人能够继续

完成死去朋友未完成的使命。俄瑞斯忒斯似乎显示出了自己施爱者而非接受者的身份，并坚持认为皮拉德斯更适合作为送信的信使。"[51]

所谓忠诚，即绝对的忠心，就是那种为挽救他人性命随时准备去死的激情和意愿。这种混杂着各种强烈情感因素的关系，在充满激情的友谊中似乎昭示着某种特别重要的寓意，即使在后来的文学作品中，对俄瑞斯忒斯和皮拉德斯的友情典范所使用的转喻被严格定义为同性社交，但人们一直以来被其深深吸引而生起的无限好感，则意在不断唤起隐藏于这种连接之中难以超越的力量。

7. 艾米丝和埃米莱恩

正如历史资料所记载的，像俄瑞斯忒斯和皮拉德斯之间那般深厚的友谊故事，也在中世纪的艾米丝和埃米莱恩身上神奇地发生了。有关他们的传奇故事强烈地引起和他们同处一个时代人们的丰富想象，以至于当时的人们在茶余饭后，一次次讲述并传播着他们的故事，并且还添油加醋地加以润色，无中生有地进行扩展，因此艾米丝和埃米莱恩的故事几乎在所有欧洲经典文化中以各种语言传播开来，包括法语、拉丁语、斯堪的纳维亚语、威尔士语、德语和佛兰德语等。在英语版本的故事中，艾米丝和埃米莱恩从小被一起抚养长大，他们之间激情四射的友谊早在他们成年初期被授以爵位之前就已经产生，在许多年的耳鬓厮磨过程中，这种感情越来越深厚。由于埃米莱恩在他们共同参加的各种大胆冒险的活动中，为了援救他的朋友艾米丝而不得不说谎欺骗,因此他遭受到严厉的处罚,并意外感染了麻风病。病中的埃米莱恩和艾米丝做了一个同样的梦,在梦中他们被告知,埃米莱恩只有用艾米丝孩子的鲜血来洗澡,才能够大病痊愈,免于一死。于是艾米丝亲手杀死了自己的孩子,并把埃米莱恩浸泡在孩子流出的鲜血中,最后埃米莱恩痊愈了,但与此同时,艾米丝死去的孩子也奇迹般复活了。从此以后,他们结伴同行,共度余生,死后也葬在一起。

在不同版本的书籍对原始故事进行不同程度拓展的过程中,某些意味深长的背景故事也相应逐步被创造了出来。有的书中说道,艾米丝曾经被要求与埃米莱恩进行一场决斗,那场决斗以埃米莱恩顺利赢得胜利而告终,后来埃米莱恩染上了恶疾,并处于迷离彷徨、难以自拔的状态长达三年,其间他穷困潦倒且痛苦万分。此时,他们俩因为分别拥有一只相互配对的金杯而互相结识。其实所有秘密策划的方案和战略以及诸如此类的事物都带有某种预言性质,虽然赤胆忠心和无私奉献的主题几乎成为此类故事千人一面的标准情节,但依然如此深刻地吸引着所有听众和读者的眼耳和心灵,以至于这样一则故事被代代相传,成为了经典。

"《艾米丝和埃米莱恩》(*Amys and Amylion*)成为中世纪最为著名的友谊故事之一,在今天的人们看来似乎会感到非常惊奇,"斯蒂芬·盖-布雷(Stephen Guy-Bray)在书中这样写道,"正如这首诗歌所描述的那样,这个关于同性婚姻的故事实际上所产生的作用,已经如此坚定地把同性社交关系中有关婚姻生活和繁衍后代的问题放到了次要地位。"[52]这个版本的故事如实地反映了中世纪时期的普遍思想,而维多利亚时代的改编版本则重点突出了艾米丝和埃米莱恩"因为仁慈善良而放弃了生命中其他的一切"。[53]斯宾塞（Spenser）曾经利用了这则故事的情节，但却从完全相反的角度进行讲述，盖-布雷的研究表明斯宾塞引用这则故事的目的是揭示其中所包含的隐义，以支持传统观念中与罗曼史和婚姻生活有关的观点。在斯宾塞的代表作《仙后》中的《贫民乡村小伙》（*The Squire of Low Degree*）一卷中，艾米利亚（Aemylia）和好色贪欲的巨人一起被关进了地牢，但是她的童贞却毫无损毁地被完整保留，因为每次当巨人"被欲望之火燃烧而难以自持时"，一位和艾米利亚一起被关在地牢里的老妇人就"代替她满足巨人兽性的渴望"。[54]老妇人的这种壮举虽不能说是为朋友而放弃生命，但可以说是为朋友两肋插刀。这则故事代人受苦的主题并未涉及这位老妇人（斯宾塞在书中称呼她为"女巫"）和艾米利亚彼此之间感同身受的情爱，或者只是描写了她们心心相印的相处过程，因此这部文学作品的写作宗旨也并非要为人们提供更多的友谊经典，只能说如实展现了某种出于私利而采取的权宜之计。也正因为如此，艾米利亚或许会把这位"女巫"想象成——反之亦然——就如蒙田对德拉博埃蒂的看法一样："每个人都如此完整地把自己奉献给他的朋友……他非常遗憾自己不能两倍、三倍或者四倍地付出，并且为自己无法拥有多个灵魂和更多心愿而愧疚不安，他们多想把自己所拥有的一切都毫无保留地给予那个心有所属的人啊。"这些因素促进并增加了包括无私奉献、绝对忠诚和随时准备替他人去死之激情等在内的互惠行为和亲密关系。

本章所转述的为数不多的几则有关友谊传说故事的片段，仿佛巨大的冰山浮出水面的小小山尖，无论这些传奇人物是以史实、传说或者故事的形式展现在世人面前。在此，让我们再随机举几个例子。有翔实史料记载的著名友人如：佩特罗纽斯（Petronius）和尼禄（Nero），希尔华德·德·威克（Hereward the Wake）和马丁·莱特福德（Martin Lightfoot），爱德华二世（Edward Ⅱ）和皮尔斯加维斯顿（Piers Gaveston），亚当斯（Adams）和杰弗逊（Jefferson）；作为神话故事流传于世的除了已经提及的，还有：提修斯（Theseus）和皮里休斯（Pirithous），达蒙（Damon）和皮西萨（Pythisa），詹森（Jason）和阿格瑙茨（Argonauts），亚瑟王（Arthur）和兰斯洛特（Lancelot），简·弗朗西斯·德·查泰尔（Jane Frances de Chantal）和弗朗西斯·德·塞莱斯（Francis de Sales）；至于故事中的人物——应该从哪儿开始，又从哪儿结束呢？——如堂·吉诃德（Don Quixote）和桑丘·潘沙（Sancho Panza），三个火枪手，汤姆·索亚（Tom Sawyer）和哈克贝利·费恩（Huckleberry Finn），钦嘉许古（Chingachgook）和那提·班颇（Natty Bumppo），迈尔斯·斯坦迪胥（Miles Standish）和约翰·艾尔登（John Alden），杰克·奥布雷（Jack Aubrey）和斯蒂芬·马图灵（Stephen Maturin），泰伯基（Tiberge）和德斯·格力耶尤科斯（Des Grieux），比蒂（Biddy）和皮普（Pip），赫尔姆斯（Holmes）和瓦特森（Watson），拉蒂（Ratty）和摩尔（Mole），比格斯（Biggles）、金吉尔（Ginger）和博迪（Bertie），弗雷德·弗林特斯通（Fred Flintstone）和巴尼·拉博（Barney Rubble），哈利（Harry）、罗纳德（Ronald）和赫米奥尼

（Hermione）——我想填满这三种形式的传奇人物表格与否，它都可以不断扩展范围而成为一本字典所涵盖的内容那么宽广，并且不仅仅是因为无法弄清应该在哪儿划一条线，而停止继续列举。凡妮·普莱斯（Fanny Price）和埃德蒙德·博尔特拉姆（Edmund Bertram）是真正的朋友吗？凯茜（Cathy）和希斯克里夫（Heathcliff）之间的友谊难道不真诚吗？假如夫妻可能慢慢会变成敌人，或者至少说有一种恋人（比如欧乌（O）和瑞恩（Rene）），几乎不能算作朋友，那么恋人和夫妻关系中，哪一类是适合写进小说或者适合列入这些表格中的呢？

这些成群或者结对的朋友们会去阅读一篇名为"忠告之书"（The Book of Good Counsels）的文章，并一致认同下面这样的话吗？"只有那些靠近你就给你带来麻烦和困难的朋友，才是真正意义上的朋友……他的话语就好像吹过你耳畔的一阵清风，他的行动就代表着一言既出驷马难追的承诺，他就是在你最需要帮助时如家人一般伸出援手且意气相投之人"，以及"他毫无怨言地分担着作为亲密伙伴的那部分如命中注定般的职责，他或者是身无分文的乞丐，或者是腰缠万贯的贵族，但无论如何，当他出现在你面前时，依然如其本然的样子，并且恰如其分地参加到你的战斗中，就如同一艘默默航行的船，他就是你的朋友，他就是你的同族，没有任何人、任何事能赋予这个称谓任何欺骗和谎言。"[55]

8. 同性友谊与同性情爱

对大多数人来说，接受神话故事、旷世传说和历史事实中所描绘的某些男性之间的友谊,毫无疑问都含有一定程度的同性情爱色彩这一事实,已经是极其普通的感觉。这也使得人们在思考友谊奥秘的过程中,产生了一些非常有趣的问题,在此让我们暂时沿用某些陈规旧习和普遍原理中所阐述的最原始天然的质疑:确定为同性恋爱的男性友谊是否就等同于涉及性关系的普通男性友谊呢?或者说是否就是建立在男性之间的女性情谊呢?也就是说,他们之间保持相依相伴关系的目的,是想要创造更多的机会一起做某些事情(比如某些陈规旧习中所描述的那种男性友谊:参加足球赛或互相帮忙修理汽车),而不是相互交流(比如某些陈规旧习中所描述的那种女性友谊:长时间谈论关于人际关系、医药问题、流言蜚语和教养孩子的话题)呢?是否社会对同性恋现象虽被延搁而迟到但却表示欢迎的接受态度已经让某些方面的同性恋经历——比如露营,其实从长期记录来看,并非所有男同性恋者都喜欢露营——作为对同性恋关系的拙劣模仿而显得更加突出呢?

其实这种现象是对所有通常情况下无须怀疑,而且在过往传统认识中所认为的某种充满男子气概的人际关系,几乎毫无意外地会自然建立之意味所形成的不同程度的理解而引发的一种并发症——无论其是否和同性情欲有关,在这种感觉下,人们不会模仿同性性欲关系,并采取相应的个人行为(在所有类似的案例中,一部分现代女性从人类远古以来被强加于自身的、故步自封的陈规旧习中获得解放的过程中,以同样受到欢迎的方式接受了极大的挑战)。某些已然固化的对同性恋现象的传统认识已经显现出小心谨慎的状态,并且带着某种具有讽刺意味的方式安营扎寨,对同性关系中有一方当事人被看作"妻子"角色的人际现象也有放任自流、少安毋躁的应对趋势（这一点在电视情景喜剧《摩登家庭》（Modern Family）中，对主人公卡姆（Cam）和米歇尔（Mitchell）关系持续不断地采取玩笑戏谑的轻松处理方式便可见一斑，尽管卡姆——剧中由一位异性恋男演员饰演——明显展现的是"妻子"的角色，而米歇尔——由一位同性恋男演员饰演——却显然担任着"丈夫"的角色）。从传统同性情欲观念的理想化视角看，关系中施爱者和接受者的角色通常由当事人的年龄和地位来确定，施爱者往往是成年男性，接受者则通常是年纪较轻的男孩，而且通常能够被接受的性交方式（比较常见的是小腿内侧性交，或者是成年男性将勃起的阴茎插入男孩大腿之间不停抽插以达到高潮[56]）不言而喻地代表着某种约定俗成的、无须将男孩彻底转变为女性，而只是担任女性在性交中完全被侵入的被动角色的传统观念。正如有关记载所显示的，对于某些古代的时事评论家而言，阿喀琉斯和普特洛克勒斯的传说确实只能被当成让人无法信服的流言蜚语，因为阿喀琉斯，关系中年纪较轻者，其实是一位面容俊秀的青年，却被某些人认为在关系中承担施爱者角色，而普特洛克勒斯，关系中年纪较长者，却被认为在关系中承担接受者角色。因此这个传说彻底改变并扭转了通常被人们所接受的某些事物的正常秩序。

　　神话故事和旷世传说中所描述的理想化的男性友谊难以得到广泛理解，是产生这些问题的根本原因，更何况这些神话故事和旷世传说中所描绘的英雄人物，给人的感觉完全是力拔山兮气盖世的鲜明男子气概——他们在故事和传说中被描绘成共同作战的伙伴，一起参加各种充满艰难险阻的活动，并且还把自己的妻子和家庭带在身边，但是却仍然全身心地以最大的激情陷入与另一位男性的爱恋中，即使他们中的所有人并非都被认为在性行为方面也同样表现出满怀的激情。那么这种理想化的男性友谊究竟是什么样的人际关系呢？是否和通常意义上的男男同性有性友谊、男女异性无性友谊、女女同性无性友谊、为达成暂时平衡而模仿形成的同性关系、女同性恋关系和包括婚姻在内的标准男女性关系这六种关系类型大为不同，而单独成立的第七种关系类型呢？而且上述六种常见的关系类型自身远未达成均衡，且并非处于同一个层次上，其中明显还忽视了某些程度更进一步且边界模糊的现象，如双性恋和易性癖。（而且对于某个或者更多习惯于在不同性别间转换的人们，他们所建立的友谊关系则应该被归为哪一种类型呢？）

人们只要越来越多地逐条列记各种情况，并加以排列分类，就更加容易明白和理解，每个人在看待友谊时都容易犯下循规蹈矩的愚蠢错误，即认为存在所谓遵循这个陈规陋习或者那个老套学说之轮廓和概要的不同类别的友谊。同时人们还会强烈地违背自己的直觉而习惯于如此表述，因为各种分类分级的思维习惯已然像发肤一般与我们结合得如此紧密，几乎难以铲除。人们在实际生活中已然熟视无睹，非常轻松乐意地接受文中所提及的有关男性和女性活动的具有讽刺意味的漫画：男性之间的陪伴关系通常涉及某些活动（如参加足球赛和互相帮忙修理汽车），而女性之间的人际关系则更多地与谈话交流相关（谈论各种人情长短、求医问药、与养儿育女相关的问题——似乎在大多数的社会中，女性"干的活"并不比男性多很多：在我小时候，非洲大地上常常能看到这样的女性——她们将婴儿用布带绑在后背——同时用力猛击，将玉米捣碎，或手提或肩扛搬运清水，在河边洗涤衣物，用锄头耕种一小块玉米地，而男人们却坐在树荫底下无所事事地拍打着苍蝇聊着天）。

可想而知，有史以来，将友谊分解成可辨认的不同形式并加以详细分析是人们更容易做到的事，因为在当时的社会中，人们以远比今天严格精确得多的方式担任着各种角色，而且对于人们超越自身社会性和功能性地位而做出的行为，所施加的相应惩罚也更加严重，然而当时身处在某个社会地位的人也极少会这样做，究其原因，至少因为他们在成长过程中已被引导教育得无法独立思考，甚至也许已没有任何想象力可言，此二者必居其一。试想一个时间相对较近的案例：18世纪后期年轻女性的地位——如19世纪早期的英国作家简·奥斯丁在其小说中以非常细腻的笔触所描写的那样。她们所忍受的那种违背自然特性的强制和约束，以及被允许的极其有限的期待和向往，对今天的我们来说几乎是一种令人窒息的绝望感受，她们却只能如此难以逃避地一日又一日地忍受着，对她们来说，几乎没有任何别的更好出路，无须终日怀着高度的忧虑和担心，但是这种情状却让人们很容易认为，所有塑造人们之间相互关系的外在因素都意味着——更准确地说，是被允许——去拥有。今天的人们已经不可能尝试着去通过性别、年龄或者任何其他界限来对友谊按类别进行分组，因为现在人们已经发现这种所谓的界限都过于粗糙而毫无益处——甚至可以说这种界限其实对友谊没有任何帮助。

然而所有关于友谊主题的不同思想历经时代演变仍然被强行压缩成为：即便那些传说故事中的友谊在很大程度上被理想化，其实最终会成为越来越贴近人类本性的标准规范,这不正是某些强大的宗教和社会传统反对人们去追求友谊的原因所在吗?有这样一些说法,认为犹太教—基督教—伊斯兰教传统中对同性恋现象所产生的敌意和随之引发的斗争,其实就起源于早期犹太人放牧绵羊和山羊的经历,当时他们的生活完全依赖于所拥有的羊群数目,以及是否能成功繁殖,因此如果不能正确引导羊群将精液适当排出,就会变成相当危险的事。人们注意到,《圣经旧约》认为男性和多少位女性同床共枕并生儿育女都可以,甚至这些女性无论是他的妻子、情妇或者女仆,都无关紧要,因此也没有任何教义加以约束,而一夫一妻制以及由此带来的相应后果是后来神灵赐予人类的礼物。然而如果男性把自己的精液射向除女性子宫以外的其他任何地方,也就意味着某种灭顶之难,并将会受到惩罚。自慰者(Onan)因为拒绝以他死去兄弟的名义抚养孩子,而把自己的精液射到地上,将面临着严苛的死刑处罚。[57]因此自慰行为被认为就像教义所说的"如果两位男性同床而眠并行了只有男女同床时才被允许的房事,那么这两位男性将会遭到世人无端的憎恨和厌恶,并且等待他们的也必将是被同时处死的悲惨结局,而且他们死时流出的鲜血只能被洒在自己身上"同样离经叛道。[58]那么以这个逻辑来推断,手淫行为比强制性交还要罪加一等,因为至少强制性交可能还存在受孕生子的可能,这也是问题的关键所在。

然而从东方人的角度对欧洲传统观点作全面而综合的审视——并且以基督教信仰者的方式——就会发现,其所宣扬的男性友谊从来不能以任何涉及性问题的方式呈现在世人面前,虽然总给人以某种强行要求的意味,但至少从外在表现来看似乎一切正常。但是任何事物被强行压制而不得不隐藏于暗处,并且难见天日,那么某种迷离慌乱的边缘性效应就更有可能会被催生而畸形发展。试着去对这些边缘性效应对人们被迫扮演的角色所具有的天然本性产生怎样的影响进行猜想,在男性之间的同性情欲被普遍接受甚至得到鼓励的社会中,男性能够毫无顾忌地追随自己的本性成为同性恋者,因为他们无须考虑他人的眼光和感受,而全然接受并充分享受在同性之间同样透心彻骨的性爱互动中承担的被动角色所带来的感受。而这种被动角色在某些约定俗成的观念中,通常都毫无例外地由女性来扮演,那么已然接受并享受扮演这种角色的男性可谓完全敞开自己,去接受社会对其的重新定义——这种定义是基于将其附属于女性,并且从此和她们一起追随"性福"命运假设的基础之上的,也就是"不像"男人的男人。并且在"真正的"男性眼中,当男性遭到他人的蔑视和侮辱、憎恨和敌意,甚至为此而感觉到恐惧和害怕(假设男性普遍都有存在于性行为或性能力等性事以及某种权势潜能方面的焦虑和担心)之时,其通常自我感觉良好的优势地位便顿时不见踪影。然而纵观社会普遍性的惯例,也不难看到某些对此持反对意见的观点:人们无论以多么居高临下的大男子气概,都很难将欧律阿罗斯、普特洛克勒斯或者传说故事中任何其他接受者(eromenos)看成不像"真正"男人的男人,当然其中唯一要排除的是他们在性行为方面的因素,这一点或许也是人们都非常在意并想要有所了解的。

所有这些关于友谊的范例都能被理解为对友谊故事不厌其烦的反复述说,不仅为了体现双方的友爱之情和共同乐趣这种单纯的想法,况且友爱之情和共同乐趣在任何一种熟人关系中也都能得到分享;而且这种反复述说使得已经对友谊产生巨大作用的某种本质上的共同特性所形成的连接，变得更为深刻紧密，从而使其成为双方难以割断的纽带，当这种纽带进一步加强而达到至善至美的程度时，关系双方至少能相互支持、相互宽恕，而且使友谊之情永垂不朽。

其实友谊的持久性具有两方面的含义，即凄风苦雨下旺盛的抗压能力和历久弥新般的长期生存能力。友谊所带给双方当事人的这两种感觉是人人都渴望的，并且陈酒佳酿般的友谊或许也是现实生活中最值得期待的极致体验，但"经年累月的"悠长感觉却并非友谊的必要条件。而且友谊本身也并不会因为无法善始善终而被排除在友谊范畴之外，因此友谊之花也无须计较花期的长短，对于那些能够相互结识而成为朋友，品尝过友谊之花结出的最完满丰盛的果实的人们来说，相互愉快相处一段时间后不欢而散甚至是不告而别，也是极为稀松平常之事，造成这一切结局的缘由可以有成千上万种之多，甚至这千万种的理由通常都出于某些同样不尽美好的缘故。

9. 塞缪尔·泰勒·柯勒律治和威廉·华兹华斯

塞缪尔·泰勒·柯勒律治（Samuel Taylor Coleridge）和威廉·华兹华斯（William Wordsworth）被世人传为美谈的风流逸事正体现了友谊的这种特性，他们之间长达几十年的亲密友情曾给英国的诗歌艺术带来了巨大变化，但这一对令世人艳羡的亲密友人最终分道扬镳、不欢而散的缘由，竟然是由于相互的误解而引起的不和，以及彼此的伤害所造成的痛苦懊恼，而并非由于哲学理念的改变而产生的分歧。然而在他们友谊水乳交融的存续期，双方发自内心地相互理解，彼此欣赏着各自与生俱来如有神助般的天赋异秉，并感受到相互最崇高无上的尊重和最真诚炽热的情感，即使后来当柯勒律治陷入并困在鸦片和酒精建造的迷幻之城难以自拔，并且他那曾经令万人倾慕并深深吸引着华兹华斯的天赋灵光在鸦片和酒精的摧残下显然渐渐被磨灭而黯然失色之时，华兹华斯以及他的家人依然一如既往地收留了他，悉心照顾他的饮食起居，并给予他一贯的鼓励和支持，而且华兹华斯心中对柯勒律治寄予厚望，希望他们能继续互相帮助，以共同完成曾经一起设想的伟大计划：创作一系列浩瀚而不朽的在世界文学史上具有里程碑意义的哲学诗歌。

其实，柯勒律治是一位宁愿高谈阔论也不愿动笔创作，而且举止非常散漫的瘾君子，当然写作较之谈话辛苦得多，这也是不争的事实，因此在他死后存留于世可称得上天才之作的作品也是少之又少——仅有几篇焕发着才华横溢之灵光的诗作和少数富有诗意的文字片段，在这些为数不多的作品中，时而有含沙射影般的浮想联翩，时而又有入木三分的深刻洞察，但更为常见的是深思苦虑而成、显得混乱无序的论著。

而且华兹华斯在长大成熟并与人交往的过程中，越来越多地体现出多刺易怒且妄自尊大的男性特征，因为他从小生长在尊崇女性的家庭背景下，这让他显得孤僻不合群（这一点与柯勒律治曾经预见并向华兹华斯警示需要加以制止和反抗的情况非常一致），因此从这一点来看，两位诗人最终不欢而散的结果是早已注定且难以避免的。虽然后来，在这段友谊所残余的陈旧灰烬上继续有某种淡薄稀疏、多少显得踟蹰犹豫的老相识之间的交往复活而苏醒，但最初燃烧在他们彼此心间志同道合的情谊之火再也不曾如之前那般闪耀。[59]

10. 伏尔泰和沙特莱侯爵夫人

在前文中曾经提及的与英国诗人华兹华斯和柯勒律治同时期的伏尔泰和举世瞩目的埃米莉,即沙特莱侯爵夫人(Marquise du Chatelet),相互间也长久保持着同样富有创造力且难以磨灭的伟大友谊(而且这段旷世情谊在某种意义上远远胜过所谓的风流韵事),沙特莱侯爵夫人虽然在人类科学史上极为不公地未能得到世人应有的高度重视(或许是因为她女性的身份,而且出生于名门贵族),但她作为现代科学发展的推动者之一,所做出的巨大贡献却是永远不可泯灭的。沙特莱侯爵夫人曾经在自己的家乡凯里城堡潜心多年,将牛顿的著作翻译成法语版本进行推广,并且她独立研究完成的关于光学特性的理论著作也大胆开创了这一研究领域的先河,极具非凡创意。

将这两个才华横溢的杰出灵魂紧紧联系在一起的友谊中,充满了各种无上的乐趣和动荡的风暴,而且两位当事人之间的关系随着时间的流逝,也戏剧性地体现了从最初伏尔泰的相对优势地位,转而变为沙特莱侯爵夫人后来居上的摇摆和平衡的特点。他们最初几年所保持的关系更像是一对伴有强烈性欲的伙伴,后来却仅仅是相对平淡的同志般的友谊。而且他们的关系带有明显的政治色彩,至少让人感觉埃米莉一直在尽自己最大努力保护着伏尔泰,以免他在作品中透露出某种缺乏慎重考虑的浅薄意味,并说出不够明智之莽撞话语,然而最为重要的是,这段友谊自始至终都闪烁着知性优雅的光芒,他们在关系中相互鼓励,并且彼此的相携相助直接体现为他们共同创作的极具代表性的传世巨著,历史也永远记住了这些可歌可泣的感人故事。

当然在伏尔泰和埃米莉的所作所为中,也曾留下过所谓胡作非为的劣迹,比如伏尔泰曾经深更半夜四处逃避前来逮捕他的人,埃米莉也曾靠玩彩票和设计包税制方案来偿付生活账单等,当然这些记载着他们高于常人的杰出智慧和辉煌成就的奇闻逸事,一直以来给人们带来的往往更多的是乐趣和享受,尤其是当如此自由美丽的两个灵魂不经意间栖息其间的某些时刻。[60]

11. 对于故友的赞美

人们在朋友离开人世后,提笔书写有关逝去故友的回忆录,重温曾经共同经历的趣闻逸事,这已经是最为司空见惯的事了,并且人们通过这种方式而不是以讣告的表达方式和叙述风格,往往远比他们在某些正式场合能够更加自由地讲述内容更为丰富多彩的往事。在类似这样的一些作品中,或许能看到某些表面看似不重要但却饶有趣味的细枝末节,就深深地隐藏在那些关于友谊主题的论述文章所一贯采用的笼统单调的开场客套话中。这些细节同时也证明了友谊在组成结构上或许具有的某种巨大的相似性,有时又出人意料地体现出每段友谊分别所具有的与众不同的特殊性,然而友谊从本质上来说,仍然是个体意义上的,而且可能通常会表现出某些异乎寻常的怪癖特性。

于是人们不得不通过某些道听途说的叙述和描写,去了解那些经典传世友谊故事的来龙去脉,然而在这类作品中,有一部从各个方面都让人心为之一震、情为之一动并且优雅地散发着怡人芬芳的作品集,那就是由罗伯特·西尔弗斯(Robert Silvers)和芭芭拉·爱泼斯坦（Barbara Epstein）共同写作完成的名为"他们日久岁深的陪伴"（The Company They Kept）的作品集，其中的每一则故事都是关于某位不同凡响的杰出人物如同死亡讣告般的怀念和追忆，如斯坦利·库尼茨（Stanley Kunitz）纪念西奥多·罗斯克（Theodore Roethke），罗伯特·洛威尔（Robert Lowell）纪念兰德尔·法雷尔（Randall Farrell），德里克·沃尔科特（Derek Walcott）纪念罗伯特·洛威尔，爱德华·达赫伯格（Edward Dahlberg）纪念哈特·克莱恩（Hart Crane），罗伯特·奥本海默（Robert Oppenheimer）纪念阿尔伯特·爱因斯坦（Albert Einstein），安娜·阿赫玛托娃（Anna Akhmatova）纪念莫迪里阿尼（Modigliani），索尔·贝娄（Saul Bellow）纪念约翰·契弗（John Cheever），约瑟夫·布罗茨基（Joseph Brodsky）纪念以赛亚·伯林（Isaiah Berlin），塔吉亚娜·托尔斯泰娅（Tatyana Tolstaya）纪念约瑟夫·布罗茨基，谢默斯·希尼（Seamus Heaney）纪念托马斯·弗拉纳根（Thomas Flanagan），等等——简直就像让人读来不免心生敬畏的目录总表。他们各自与众不同的经历和故事，都散发出一束束的璀璨光芒，照亮了友谊存在的每一个角落，映射出友谊之千变万化的多样性和与众不同的可能性，这种集大成式的集思广益，远比单独论述所能体现出的狭隘片面要丰富多彩得多。

促使这些回忆文章出版问世的原因主要是缘于对已故友人浓厚至深的诚挚情意，而且作为讣告般的追忆文章（并非那种纯粹意义上的讣文），或许更加能够预见到某种程度上对逝者慷慨大方的情愫，说到底，人们通常难以违背"对于亡者唯有赞美"（de mortuis nil nisi bonum）的处事原则，也就是说"对于已然离开人世的人，除了赞美,不再提及其他",甚至要表达对逝者虔诚的孝敬之心,也常常需要暂时以某种伪善举动取而代之,因此或许就形成某种屏障和壁垒,阻碍了人们对已故亡者表达出通常会有的更加真诚坦白和忠于内心的感受。然而人们以追忆文章形式所体现出的感觉,却并非某种迫于无奈而展现的宽宏大量的真情,而是发自内心的爱戴和尊敬。普鲁登斯·克洛泽(Prudence Crowther)在谈起佩雷尔曼(S. J. Perelman)时这样说道:"佩雷尔曼是那种让你自始至终都感觉自己是和他们一样富有魅力的人之一。"而德里克·沃尔科特却在回忆往事时说,当他告诉罗伯特·洛威尔自己很喜欢他所佩戴的那条领带时,"他马上解下了那条领带,并把它送给了我。"还有据贾森·爱泼斯坦(Jason Epstein)回忆,埃德蒙·威尔逊(Edmund Wilson)老年时拒绝接受助听器、心脏起搏器和接种疫苗,甚至是托马斯·曼(Thomas Mann)形而上学的哲学观点。索尔·贝娄则在回忆约翰·契弗的文章中,精心挑选了后者生前适当的文字作为回忆录的索引,以进一步说明后者的某种人生意图:"我一生所苦苦寻找的神奇物理常数,"约翰·契弗写道,"就是对光明的无限热爱和对人类所拥有的某种精神之链苦苦追索的坚定决心。"恩里克·克劳泽(Enrique Krauze)在回忆奥克塔维奥·帕斯(Octavio Paz)时也采取了同样的方法,他在回忆文章中选择了奥克塔维奥·帕斯生前将女性形容为"与世界进行和解的生命之门"的著名论断。

当然还有一部分人似乎掌握了某种能够获得全世界大多数人喜欢和爱戴的巧妙手法,阿尔伯特·爱因斯坦就是其中之一。他倾其一生在物理学领域所致力于开创并取得不朽功绩的改革创新,俨然已成为永载史册的伟大事件,但是不免让人感到惊奇的是,他最后长达四分之一世纪的失败经历却很少被世人提起,罗伯特·奥本海默在回忆阿尔伯特·爱因斯坦的文章中,就曾尖锐地指出,"他似乎被授予了某种特权,从而能掩盖那些失败的事实。"阿尔伯特·爱因斯坦最后陷入失望沮丧的原因,大部分由于其自身能力和才华的不足——尽管他一直坚持不懈地付出努力,但最终也无法向世人展示量子理论的奥妙所在,虽然他发明和创立了量子理论,但却对其反感至深,因此,从本性和主观上似乎有种前后矛盾的不一致性。

达里尔·品克尼(Darryl Pinckney)在其一篇随笔散文中描写自己在纽约生活时第一次不成功的尝试体验,和其他表面看来与朱娜·巴内斯(Djuna Barnes)有关的主题着墨相同,但这篇随笔却将老年时期鲜活生动的朱娜·巴内斯带进了人们的关注之中,她身处堆满杂物显得凌乱不堪的屋子里,和必死命运进行着顽强的抗争,但双眼依然充满信念的灵光,就像一只柔弱无助的鸟儿,从未放弃翱翔于蓝天的梦想和渴望。

然而并非所有在此被提及的友谊故事都同样会得到后人如此美好的歌颂,例如苏珊·桑塔格(Susan Sontag)就从来没有感觉到她对保罗·古德曼(Paul Goodman)有过如此深厚的喜爱之情,然而却在他离开人世后,内心涌起无比的怀念,同样罗伯特·克拉福特(Robert Craft)和伊戈尔·斯特拉文斯基(Igor Stravinsky)之间也是那种远远超越友谊的情感关系,因此与任何通常意义上的友谊轮廓和结构难以吻合。但所有这些友谊典范似乎都在向世人展示着人与人的生命之间如此千奇百怪又各具特色的相互缠绕和影响,以至于当一段关系结束时——在这些个案中往往是由于死神的不请自来,如此荒谬可笑且又无法估量地打断和妨碍了那些离奇创意和璀璨智慧在生命间的来回穿梭和极致展现——至少留下的是扼腕叹息和仰天哀号,并且还需要做好理解和接受这一事实的充分的心理准备。[61]

与之类似的书籍应该还有很多,常言说得好:只要你有如此意愿,生活之流必能一如既往地向前奔腾。曾经有一个名为布鲁姆斯伯里的颇有影响力的文化圈,提出此创意并发起成立圈子的成员们之间的友谊,不仅仅为参与者提供被称为"更高级淫荡行为"的更多机会和更大范围,他们——在不断扩大的成员名单中应该还包括弗吉尼亚·伍尔夫(Virginia Woolf)和她的姐妹万尼莎·贝尔(Vanessa Bell)、克里弗·贝尔(Clive Bell)、罗杰·弗莱(Roger Fry)、利顿·斯特拉齐(Lytton Strachey),以及在紧要关头加入的约翰·梅纳德·凯恩斯(John Maynard Keynes)和其他名气略逊一筹的人——应该受到了乔治·爱德华·摩尔(G. E. Moore)在其作品《伦理学原理》(*Principia Ethica*)中所发表观点的启发和鼓舞,乔治·爱德华·摩尔认为人一生中最至关紧要,也值得首先去追随和实现的最高价值,是美好的事物和真挚的友谊,因此他们洁身自好,以寻求漂亮的朋友。在布鲁姆斯伯里文化圈成立之前与之后,其他类似的友谊团体也吸引了人们成群结队地组成富有创造力的规模较小的交际圈——20世纪初,在意大利有雪莱(Shelley)和拜伦(Byron),在法国有毕加索(Picasso)、布拉克(Braque)和阿波利奈尔(Apollinaire),还有1917年罗伯特·格雷夫斯(Robert Graves)、西格夫里·萨松(Siegfried Sassoon)、威尔弗雷德·欧文(Wilfred Owen)在克雷格洛克哈特商学院（Craiglockhart）所恢复的活动，其他还有纽约的阿尔冈琴族人（Algonquin），他们常常围坐在餐桌旁聚会。20世纪50年代，伦敦成立了托因比-尼科尔森（Toynbee-Nicolson）午餐俱乐部，除此以外，人们或许还能列举出更多这样的例子。然而，并非这些朋友圈的每一位成员都创作出具有持久历史价值的传世巨著，但即使只有一个人或者一部分人仅仅部分缘于圈子里的同僚所提供的观点素材，或者是成员间所给予的鼓励，而成就了流芳百世的丰功伟绩，也证明了这种交际圈存在的价值和意义。其实在上述范例中所提及的朋友都可以算作有效联络人（interlocuteur valuables），他们为某些成功人士提供了进行尝试的安全环境，并且作为尚未面世作品的首位听众或读者，提出了评价和建议，从而避免了某些不必要的挫败和失望。

塞缪尔·泰勒·柯勒律治和威廉·华兹华斯的故事为人们提供了两位天资很高之人最初相互滋养而能力不断得到提升的范例，而另一个著名的范例是T.S.艾略特（T. S. Eliot）和埃兹拉·庞德（Ezra Pound）这一对朋友的故事，如果没有他们，或许世界上就不会出现《荒原》（*The Waste Land*）这样一部颇具影响力的诗歌作品。然而更加鲜为人知的史实则是乔治·艾略特（George Eliot）在二十年后与G. H. 路易斯（G. H. Lewes）同居时，才开始着手小说创作。G. H. 路易斯是一位具有真正的天赋和才能的哲学家兼传记作者——他所撰写的传记作品《歌德的一生》（*Life of Goethe*）精彩至极，直到今天仍然广受称赞，几乎无人能够超越，而且他的著作《哲学历史传》（*Biographical History of Philosophy*）对于当今学院派的作者们来说，依然能起到很强的启发和鼓舞作用。乔治·艾略特每天晚上将自己白天所写的内容读给 G. H. 路易斯听，因此他也就顺理成章地成为乔治·艾略特的意见共鸣板，用来试探读者可能会对自己的作品进行怎样的评价。G. H. 路易斯去世后，乔治·艾略特也就停止了小说写作，因为从此再也没有像路易斯那样一位让人信任的朋友，能给予可以依赖的帮助。

约翰逊博士（Dr Johnson）和鲍斯韦尔（Boswell）是真正意义上的朋友吗？虽然他们在个性、年龄和外貌上存在非常迥异的差距，但是从葛德温派观点的角度来分析，在他们相互的关系中，约翰逊博士似乎存在对鲍斯韦尔某种出于其他方面的刺激兴奋和好管闲事目的而提供的小小陪伴的需求，鲍斯韦尔一生都沉迷于寻花问柳的淫荡生活——当然其中只有很少一部分是由于身体器官的特殊需要，他喜欢伸长鼻子，东闻西嗅地打听和刺探他人的情况，例如他曾经绕着休谟临终所卧的病榻，出声地用鼻子吸气，仿佛在嗅着什么气味，以看清一位所谓的无神论者是如何面对自己生命消亡的。但是，他在约翰逊博士的一生中或许扮演着朋友的角色，就像他一直以来为约翰逊博士的名誉和声望所必然扮演的角色一样。其实朋友经常会相互谈论彼此的生活、感受、焦虑和希望，他们在这些方面能给予对方如同教堂忏悔室中所能提供的告解仪式，和一位前来为自己树碑立传的传记作者之间，所进行的谈话更可能有类似忏悔和告解的感觉，因此友谊之暖流悄悄注入心间，即使这暖流来自另一扇开启的窗户。

难道还有比丁尼生（Alfred Tennyson）的组诗《纪念 A. H. H.》（*In Memoriam A. H. H.*）[62]中所表现出的对于逝去挚友的怀念之情更为热情洋溢、更加主观感性的抒情风格的挽歌吗？他在诗中所纪念的朋友就是亚瑟·亨利·哈勒姆（Arthur Henry Hallam），也是丁尼生在剑桥大学三一学院读本科时相遇相识而结交的朋友。哈勒姆自身也是一位诗人，和格拉德斯通（Gladstone）一起就读伊顿公学时相识成为朋友。当他和丁尼生在剑桥相遇时，双方立刻相互吸引，并深深地陷入了友情洪流之中，就和当年的乔纳森与大卫如出一辙。后来哈勒姆与丁尼生的胞妹埃米莉（Emily）共浴爱河，并且意欲终生相守，准备订婚，因此将这两位好友紧紧联系在一起的情感纽带也进一步得到加强。后来父亲的离世迫使丁尼生不得不离开剑桥，为出版发行两卷处女诗作，他需要得到哈勒姆的支助，然而遗憾的是，他们计划两人共同合作出版完成诗作的梦想，终究因为哈勒姆的意外病故而未能实现，哈勒姆是在一次与父亲远赴越南旅行的旅程中，突发脑中风而不治身亡，享年仅 22 岁。

丁尼生在《纪念 A. H. H.》诗中写道，在哈勒姆生前，他们一起在街头散步来到一扇熟悉的屋门前的情景，霎时间"我的心习惯性地跳动着/如此匆忙和急促，似乎在等待着一只手来将门开启"；他们曾经熟悉的会面地点也因为哈勒姆的离去而尽失往日光芒，"因为没有你的光临，所到之处皆是一片灰暗，毫无光彩。"他想起那艘载亚瑟的遗体回家的轮船，并且请求迎面吹来的风儿安静地睡去，"因为他此刻已经进入梦乡，/我的朋友，我今生至爱的弟兄，/我的亚瑟，我将再也不能亲眼看到他，/直到所有的寡妇比赛鸣锣开场；/哪怕就像母亲对待儿子那般视若珍宝，温柔呵护，/也胜不过我的亲兄弟对待我的情谊。"他把自己看作是一位丧妻的鳏夫，并且感觉到"一个心灵安睡在心灵之上的空间；/而且在那里温暖的双手始终准备着紧紧相握"。他和"这位我所深爱的,有着仁义心肠的男人"并肩"以地位平等的双足"漫步在人生的崎岖小路上,留下共同的足迹。因为有了他的陪伴而令所有的痛苦减半,丁尼生在诗中自始至终用来描写他与挚友哈勒姆之间相互的感觉的词汇,就是"爱"。

确实,正是因为爱——"真爱的精神"——在丁尼生心神不宁地为逝去朋友的灵魂是否能觉察到他仍然深处罪恶之中,并静静地看着他思考,践行着某些不光彩的无耻勾当时,能够消除一切疑虑,得到片刻安心:"你无法让我从他的身旁离开,/任何人类的薄弱意志也无法让我作恶犯罪……因此一切都无须再烦恼和焦虑,就像一位无所事事的少女,/生活中难免掺杂着罪恶的斑点。"然而告诫自己切勿像一位少女那般为人处世的箴言,却无意间催开了一个会心微笑:"我的灵魂依然被他深爱,并也深深爱着他/就像那些可怜的心有所属的少女一般,/醉心于那些地位超越于她的可心之人。"

守寡孀妇的暗喻是丁尼生挑选来对自己丧友之情进行解释和说明的表达方式。"婚后生活中的伙伴——/我冷眼旁观着他们,而想起了你,/从所有广袤无垠和神秘莫测的角度,/并且将我自己视同,与身为人妻者共享同样的灵魂。"在重访剑桥并回想起与亚瑟朝夕相处的往日时光时,丁尼生将自己的友谊视同传说故事中成双结对的普特洛克勒斯和皮拉德斯,尽管在文字上并没有明确的表示,丁尼生始终无法忘记亚瑟对他生活中其他事物的影响,"每当我,离他最近的人,远离人群安坐一旁,/感受到他的欢欣就如同我自己的亲身感受……而且对于我自己的感受也未曾有过如此甜美和熟悉的体验,/然而我自己感受中的爱从来不会厌倦,而且爱情之泉不断涌出,带着含糊不清的暧昧渴望，这种爱的渴望激起某种效仿的愿望。"

其实这首诗歌所体现出的与宗教相关的主题——而且因为其本身就属于宗教诗歌的范畴，尽管在科学面前对其所体现的宗教意义存在一定的怀疑，这首诗歌自身替代爱来作为拯救世界的代言人——对于缓解诗歌所表达出的强烈悲伤无济于事。据说能带来与离世作者重新相聚希望的在作者死后出版发行的诗歌，往往会得到许多有宗教信仰的哀悼者的欢迎，但在此却只能得到极少的应验。反而对如此深爱之人离去的失落感觉，似乎已经伤心欲绝到难以安慰的程度。但是丁尼生在后来为一位新结识的朋友而作的长诗中曾说过，自己无法将对第一位朋友的爱完全地转移到他人身上，因为那种感觉就像是"初次恋爱和首份友谊一般具有相同的力量，/两者都是以处女般的真心相互融合"。然而丁尼生感觉依然不能没有朋友，从而永远处于孤单寂寞之中，"我的心，即使像丧夫的孀妇般荒芜一片，但也不会停止跳动，/安静地被已然逝去的爱层层缠绕，/而且一直在寻找另一颗心灵一起跳动，/那股暖流似乎激活了另一具充满生命力量的胸膛。"

诗歌本身所提供的证据和线索，会引起人们对其中所体现出的似海深情产生疑问，这种水乳交融的深情究竟是同性社交，还是同性爱恋的成分占主导呢？答案很有可能是后者。然而传记体式的例证和依据，往往与考证原文中的佐证根据相违背，哈勒姆爱上了丁尼生的妹妹，并且在这首诗歌中也谈到，对丁尼生来说，让哈勒姆的儿子坐在自己双膝上说笑逗弄、尽享天伦的机会已经完全丧失，无法再来。丁尼生自己后来也步入婚姻殿堂，生儿育女（他为自己第一个孩子取名为哈勒姆）的事实已无关紧要，因为许多同性恋和双性恋男性都有事实婚姻，并生育了子女。更确切地说，必须清楚在当时的社会，人们并非更容易接受字面意义上没有同性恋意味的对喜爱之情的表达方式，那些对丁尼生推崇备至的忠诚读者，并没有像不久之后维多利亚时代的人们群起反对奥斯卡·王尔德（Oscar Wilde）时那样，用大声疾呼的方式对这种友谊形式表达强烈的不满。

然而从理解丁尼生所持的有关友谊观点的视角来看，相对于他在诗歌中所描述的符合传统习俗的句子——"哦，友谊，施以极平等均衡的相互控制，/哦，心灵，带着最仁慈友善的温暖举动"而言，其关于友谊的观点体现出更为广阔的包容性，因为对恋爱的公开声明，和在哀悼挚友过程中表现出的女性姿态，使某种更加极端的失落感受成为可能，并且与其曾经精心呵护和强烈依附的这段关系，也是和谐一致的；有人或许会说这段友谊，就像前几章中提到的传说故事一样，也是年轻人之间的友谊故事，如果哈勒姆幸免于难，如愿以偿地娶了埃米莉为妻，并且在法学方面获得成功而大有建树（甚至丁尼生说过，他或许不会成为一位诗人），他们也极有可能像维多利亚时代的人们所热衷于谈论的艾米丝和埃米莱恩所做的那样：把他们的整个生命投入到慈善事业之中。

而且在人群中还流行着一个比较普遍的观点，那就是人人都希望自己年轻时，能体验到热情而强烈的友谊之情，而到了中老年时期，却希望友谊能散发着平和深幽的醇香，即便友谊无法维持得如天地般长久。然而这个愿望能真正成为现实吗？当然问题的答案或许是，并非所有的友谊都能最终修成正果，但最为常见的情况往往会是这样。因为每段友谊恰好会或多或少地遵循着青春岁月时不假思索的冲动猛烈、迫不及待和努力奋斗的自然特性，也会反映出像"年轻时我只爱奥维德，现在老了，我却爱着贺拉斯（Horace）"这句话语中所体现的深刻洞察。读到这句话便能感受到其与情欲之爱的明显分别：如果干柴和烈火能在恰当的时机相逢，那么人们在青春时代和中老年阶段都能够体验到同样强烈的性欲满足。然而，当两个年龄相仿的老年人之间的激情之火被点燃，通常不会引发世人过多的评论，但是双方年龄相差悬殊的伙伴之间的激情，却往往不能得到社会的广泛认同，在这种情况下，很少会有人相信人们可能堕入爱河的理由和动机完全与其他情况是一致的推论，即使其动机是建立在对环境所固有的最完美可能性进行充分考虑的慎重成熟的理念之上。造成这种结果的主要原因，或许是人们缺乏丰富的想象能力，而目前普遍的思维过程中惯性的循规蹈矩，却向人们揭示了截然相反的事实和真相。

第三部分

我的思考和我经历的友谊

第八章
友谊的核心特质

在正式开始本章的讨论之前,让我们首先来思考两种不同的看法和主张:第一种观点认为,友谊是人类个体之间可以相互获得的两种最重要类型的人际关系之———另一种类型就是亲密的爱恋关系,而且友谊自身具体也表现出形态各异和涉及多人的纷繁复杂的不同现象;第二种观点认为,在友谊关系中没有任何预先设定的用于规范相互之间权利和义务的条例和章程。这两种不同的看法同时向世人发出警示,即只有通过深刻理解两种关系之间的区别,才能明白人际关系的复杂特性。而且就亲密程度而言,友谊关系在所有人际关系类型中仅次于处于蜜月恋爱期的恋人关系,但它也是人类可能实现的美好生活最为重要的组成因素。在此之所以这么说,当然不是有意要低估其他对于美好生活同样重要的因素——比如创造能力、知识积累、探索发现和愉悦感受,等等——的价值所在,然而人们在充分研究后发现,后面所提及的诸如创造能力等因素,在任何情况下,都或多或少地直接与友谊话题有着密不可分的关系。

当然也正因为这个原因,世界传统思想,包括东方和西方的主流思想在内,都曾经就友谊主题进行过大量的讨论,本书第一部分已就西方文化传统中的部分论述进行了概括性的审视。众所周知,友谊有很多不同的类型,而且能通过许多不同的路径来获得。然而尽管如此,人们发现各种各样的友谊中都有一组共同的核心特征——至少在某些理想化的友谊版本中是这样的,其中就包括喜爱之情、同情之心和忠诚之义。除此之外,人们看待友谊之其他特殊维度,一部分取决于时间、地点和文化因素,另一部分则取决于产生这些不同之处的个性特点。

有关人员在研究中发现了一个很有意思的巧合,或者也可以说是令人吃惊之处,那就是古代中国的孟子思想和古希腊亚里士多德思想存在共同之处,即他们共同尊崇朋友是"另一个自我"的观点。两位来自东西方不同文化背景的思想家一致认为,如果某人对另一个人以某种最恰当的友谊方式给予关怀,那么这种关怀对某人自身的好处,就像某人关怀自己时所拥有的一样多,同时这种相同之处就使这样一对朋友成为"两具身体所共同拥有的一个头脑"。正如本书之前多次提及的那样,大部分人都认为对这种情况再怎么夸大其词地叙述都应该无可非议,即使在某些文学作品所赞美和歌颂的那些罕见的典型案例中,如大卫和乔纳森、尼索斯和欧律阿罗斯,诸如此类人们耳熟能详的传奇故事,可能会成为比同伴关系更加浪漫温馨的爱之典范。并且这些经典故事同时也预示着友谊所采取的方式,远不止于同志般的友情和欢悦经历的分享,而是人们在最佳时段始终保持最佳状态的相互联系，从而带给双方有力的援助、仁慈的宽恕和持久的坚守。

然而情况为什么会这样呢？问题的答案就在于作为人类社会属性之基础的心理事实中。人类从其所具备的特性来看，基本上可以被归为社会性动物，而且在此使用"基本上"来描述，似乎包含着某种"最关键和最重要的定义"所带来的无穷力量。而且人际关系质量的优劣不仅关系到人类的幸福健康，也与人们所具有的同一性身份保持着密切联系，当然要将那些最与众不同的个体排除在外。然而目前，在人际关系上达到亲密无间程度的干系人，在数量上呈越来越少的趋势是有目共睹的（当然这种关系仅限于家人和恋人之间），而且在品质上也显示出同样的特性。然而人际关系在每个人个性的形成过程中，所产生的影响作用却是相当巨大的。当然，一个人所拥有的、与之建立友谊关系的人群范围越广，越有助于其自身社会角色的有效形成——在此需强调和注意交往人群的多元性，尤其是在青少年时期人格初步形成的过程中。

当然，关于友谊形成过程的观点存在着不同的表达方式，其中人们最熟悉的或许是受同辈影响所激发而产生的相关理念。但是需要引起重视的是，人们在接受这些理念的同时，不应该对那些活力充沛之人所持的友谊理念进行约束和限制，虽说主流理念是主要的理论类别，但是人们不仅能够和离世很久的作者成为朋友，也可以和他们作品中的角色心灵相通，同时还能和某些历史人物跨越时空酣畅神交，甚至（也许这么说有些勉为其难）人们还能和动物相互眷恋——比较典型的应该是宠物狗、宠物猫和马了。其实，可以用来明确了解和判断某人具体属于上述哪一种情况的最佳方法，就是仔细观察他们经年累月所维持的友谊属于哪一种类型,当然这其中要把那些看起来离经叛道的非常规类别排除在外。

有史以来人们迫切需要之物没有任何改变,这一点是毫无疑问的。这种迫切需要之物就是,用一生的时间去了解和领会人们通过"友谊"方式所要表达的一切。但是对友谊之称谓受之无愧的这种人际关系而言,其明显的多样性及精微玄妙之处,和其固有的与其他类型人际关系的相似和重叠特性,以及那些为了达到增进知识的更高目标,而刻意将这种人际关系描述成为其他事物,并对其进行全方面、全维度、无限分级的行为,使得人们获取友谊的过程变得极其艰难。或许人们会说,在获取友谊的过程中,至少需要对友谊所具有的核心类别心领神会,但是这种说法其实也只说对了一部分,因为其中会产生这种迷人耳目的诱惑的关键原因,就是某些关于友谊之古老的陈规陋习,无论这些根深蒂固的观念可能被一代又一代的人们描绘得多么语义精准,以及如何让人感觉见闻不断得到增长。

如果我们暂时接受上述最后这条规则,就不难看到,在哲学和文学的辩论过程中所得出的被普遍认同的智慧和理论模式,至少当我们充分暴露在铁的现实面前时,我们连带着同时能了解到,朋友就是那位对自己所付出的情感和关注予以报答和回馈之人,就是那位可以与之分享自己的兴趣和观点之人,就是那位当自己提出要求、甚至无须提出要求就能够及时向我们伸出援手之人,就是那位不会增加更多主观的臆断就能够理解或者尝试理解自己之人,就是那位忠心耿耿并持之以恒地为你的好运欢欣鼓舞、支持和陪伴你渡过人生艰难岁月之人,就是那位必要时既能向你倾诉令人不悦的肺腑真言又能向你表达赏心悦目的虚假谎言以宽慰你心之人：他们所付出的情感无须回报，而且他们也不会为其所提供的服务、为你所取得的进步以及其他任何利益要求以物易物寻求交换，并且他们天真无邪而又恰如其分地设想，所有与人类紧密相连的生死攸关，其无法估量的要求、期待、权利和责任，都是互惠互利的。

当然互惠原则在友谊关系中是不可或缺的，这也就意味着人们必然首先与生活在同一时代的人们之间发生关系，但是这个原则也间接地适用于人们与自己所欣赏的作者以及他笔下的人物之间所建立的友谊。其实也就是说，甚至就在此刻，我们之间也存在着某种互惠互利的关系，因为有人从某些书籍中获得了某些对其有用的东西——或许有些人得到的更多，那么那些书籍（似乎有人事先将某些东西放于其中）"回报"给他们的，就是那种专心投入并引发深刻思考的阅读享受。

然而，这种人与人之间互惠互利的范例并非本书所要着重讨论的主题。人际关系中只要有一方当事人付出关心、好意、情感和支持，从而成为给予者，同时就有另一方当事人相应地成为接受者，这种人际关系或许用其他不同的方式进行描述会显得更加美好，诸如庇护关系（在两个毫不相干的个体之间）或者亲戚关系，但其中更有代表性的是类似于父母与孩子之间的跨代关系。

其实，所有人际关系中最重要的，或许就是父母与孩子之间的关系，特别是母亲与幼小儿童之间的关系，也就是那种尽管存在必然的互惠现象，却又显现出相当程度的不平等关系的特殊情况——儿童喜爱、需要并依赖着自己的母亲，这同时也给予母亲实现自我价值的机会,并从中获得极其深厚的自我满足感。然而即使在这种母子之间的人际关系中,也存在着将友谊作为其部分终极目标的情况,如果母亲与孩子之间的关系进展顺利,也就是朋友双方在相互关系中发展成为具有独立自主性的合伙人,那么最终收获与后代之间的关系所结出的友谊之果,也就意味着自己引导孩子们健康成长,并使其成为崇尚自由之人的伟大育人计划变成了现实。

人们在谈起友谊之时,通常情况下自然无法避开爱情的话题——那种伪装成不同形式的爱情;但是爱情,尤其是那些被称作温馨之爱、务实之爱和游戏之爱的爱情(根据古希腊人所设定的原则来区分,温馨之爱意味着亲戚之间的自然而然的情感,务实之爱是指产生于同伴关系和共同利益基础之上的相互联系,游戏之爱则是指相互之间程度更轻、承担义务更少、游戏般的同志友情)。按照某些人的观点来看,只有多少拓展了友谊的概念范畴,人们才能将这些情感模式纳入无条件之爱的清单中,也就是那种对人类伙伴广博宽容而又仁慈亲切的关心呵护。至少在上述三种情况下,人们更倾向于谈论情感和温暖就像谈论爱情一样,同时在他们的心目中,将爱情与带有明显性行为含义的情欲之爱区分开来,并且与古希腊人称为狂热之爱的类型关联起来,我们现在将这种爱情称为浪漫之爱,或者甚至称之为迷恋之爱(若我们给予其更少尊严的话),因为我们想要将后者与人与人之间所有连接的形式区分开来,而不是排除一切地以性诱惑或性渴望作为前提和基础。

但是,正如人们有所了解并似乎已经确信无疑的那样,使友谊变得复杂化的因素就来自于两性之间的友谊,而且如果两性之间的友谊涉及性行为,并且情况如人们所司空见惯的那样,结果就更是如此。同时某些男性之间的友谊以历史性的观点来看,也公开呈现出同性之间情欲之爱的形式。当性关系因素被带进同性恋友谊中,社会上便条件反射般地随之建立起由于人们早先所倾向的人际关系分类原则,受到性关系因素的干扰和破坏,而产生的类似应对态度,以至于人们至少从心理上自然而然地对这种友谊形式另眼相看,以适应其在生理学观点上所处的环境——即使当同性友谊继续维持,而同性性行为已然停止。而且在这种同性关系中,受到挫折和伤害的想要成为施爱者的一方,通常不希望听到另一方这样的反馈话语:"我仍会像朋友那样喜欢你",其原因是因为这些话语中隐含着说出此话之人所希望的相互关系,最多是介于务实之爱和游戏之爱之间的家人般的感情,而根本不是他所渴望的情欲之爱和狂热之爱。

异性个体之间的友谊问题常常能激发人们的广泛兴趣。然而现实世界中真的存在那种像与性行为无关的同性友谊一样真诚持久的跨性别友谊吗?对此持怀疑态度的人们趋向于认为,这种真诚持久的跨性别友谊只可能存在于人生的某段时期,也就是当事人的年龄尚处于追求配偶的恋爱阶段前后,也就意味着从双方青春期刚刚启动,到开始步入中年阶段(如果说这种非常时期已经得到社会的认同)之间的那段时期。然而现实生活的案例似乎是对那些对此持怀疑态度之人的反抗之举,假想我们大部分人都能够列举个别男性与女性之间享受着美好的无性友谊的案例,而且这些案例都是有目共睹的。

174

然而人们真正关注的问题,或许并非这种友谊形式是否可能在现实世界中真实存在,而是这种友谊形式在多大程度上,与同性之间无关性行为的友谊形式存在相似性。当然或许有人会说，两性之间所存在的观点和经历上的差异，这一无可非议的事实会造成跨性别友谊与同性别友谊之间的相应差异。如果这个说法是正确的，很难不让人感到吃惊，并且如果事实确实如此，那么这种友谊形式必然会因此而显得更加不可多得。但是这种关系不管多么贵如珍宝，依然只是友谊，而且在此还需要再次强调——友谊的形式千变万化。

"友谊的形式千变万化"，这个实际上已然众所周知的老生常谈，象征着某种问题和机会并存的状态，而且人与人之间的联系可以采取的广泛多样的形式，也意味着在承认并认同友谊之名的同时，根据环境的不同特点，友谊也展现出不同的个性特征，以及不同的强烈程度。众所周知，人们的自我感觉是受到外界影响的复合体，也是对外界影响的反应方式，其中当然不只是对那些由于喜欢、信任和对其有兴趣，而准许其进入自己信任范围中的人们所产生的影响。每个个体都是具有复杂多面性的真实存在，都需要在不同场合展示和表现自己的不同面，而且这也是其通过结识各类朋友，以实现无可估量的生命价值的重要且典型的方式之一。

常言说得好，没有任何人能够满足所有他人的需要，并实现所有他人的愿望，这也进一步强化和补充了上述观点，但随之而来的问题是，这种观点挫败和阻挠了人们希望给予友谊一个简单纯洁之定义的美好愿望。但其所提供的机会则是，友谊可以用某些经典范例来加以揭示和解释，因此从有关友谊的探讨和争论以及相关的范例中，在所吸取和总结得到的认识和经验中，人们能够举例阐明友谊的方方面面，并且可以看清其如何揭开友谊差异性的面纱，向世人呈现和展现出使生命活得有意义的所有至高无上的价值之一。这也是我们为何必然会对哲学家们的抽象概念感到厌倦，转而投向某些神话故事的创造者和历史事件的记录者，以及某些有关个人的写作方式，如自传，以获得一个机会，去看清被马赛克覆盖着的纯粹个体之粗糙表面。因此当我们一步一步后退，并一窥全豹之时，我们甚至并没有看到其非同寻常之处，展现在我们面前的，却是一幅如其本然的真实画面。

第九章
友谊的考验

由于这是对我们所能收集到的传统争论和描述中所体现的有关友谊理念的一次大考验,也是与我们已经看到的认为友谊是某种伟大美好事物的深刻剖析相一致的论点,而且友谊对我们来说,其实也是所有能够获得的事物中最为崇高者之一,此时此刻必须要让这则断言发挥其应有的作用。但在此之前,我们还必须首先解开一些悬而未决的疑问。

人们习惯说,友谊是某种伟大而美好的事物,本书在前面几章中也详细探究和讨论了,哲学和文学意义上的描述都不约而同地给出了一长串人们为何如此认为的原因清单,在此让我们逐一检阅。

我们自以为已经领会了哲学家们所说的友谊从本质上是美好事物的背后所蕴含的深刻意味,也就是友谊自身所具有的美好属性,而且其美好的结果并非由于其他任何缘由造成的,因此必须将友谊带给我们或者为我们所做的一切美好事物排除在外,因为一旦提及这些事物，就容易被引入那些令高尚尊贵的品德和节操畏缩退避的实用主义理念，当然这种畏缩退避的现象，从某些充斥着欺世盗名、卑鄙伪善和阴险狡诈行为的"虚假朋友"范例的观点来看是合乎情理的，这种"虚假朋友"因为基于友谊相互信任的本质含义的连接关系而进行某种交易的事实，令其背负了特别恶劣的名声，其目的是为了让背叛者获得利益，而一再上演着背叛游戏。然而，友谊也能够在没有卑鄙伪善和阴险狡诈之举的情况下，展现出各种各样互惠互利的方式，而且也经常能够从当事人之间互帮互助以及和谐的人际关系所带来的相互利益中不断成长。其实在现实生活中很难弄清，友谊为何能被定性为除了折中权衡之外的其他事物，因为其在双方当事人正共同沉浸于友谊之情时，恰好具有令人向往、合人心意并不时交替换位的典型特性和类别，至少这种互动关系能带给双方当事人愉悦、舒心和快乐的感受。然而纯粹主义者（如在等级制度情况下对何为最崇高形式的友谊进行思考的康德或者亚里士多德）看起来似乎不得不将友谊对人们产生的实际影响轻描淡写地加以改编。

因此在面对为何友谊美好而愉悦且珍贵非凡这个问题时，人们应该会处之泰然，同时也可以列举出在对彼此的幸福和利益互相感兴趣的两个人之间，强烈的相互欣赏所产生的愉悦、情趣、利益和好处，而且也正因为存在着那些利益和好处，他们互帮互助，并且所有这些事物都是友谊美好之所在，其所带来的财富提升了人们生活体验的品质。但是除此之外，当然还有其他更多的好处。人们常常说到的朋友之间所共同分享的事物有：除了之前所提及的愉悦感受之外，还有学识和经验以及责任和困难。而且后面所提及的这些共享之物激发了人们关于舒适、慰藉和同情是身陷囹圄之时，友谊所恩赐于人们的无价之非凡礼物的深刻思考，当然没有任何人只是为了共患难而结交朋友——人们通常认为自己从来不会因为"我必须结交一些朋友，以便将来某一天遭遇悲伤或者罹患重病时，或许会需要他们的帮助"这个主要目的，而去与他人建立友谊关系，而且他们可能在和他人交朋友时，也从来不曾想到过这些——而且即便因为这个原因结识了某个朋友，也应该是会让自己大受其益的美事。

178　　当人们谈起"分享"蜡炬成灰般多愁善感的故事，主要意味着分享某种经历——某些版本的杂志可能会聚焦于欢笑、眼泪、假期和秘密等主题，但常常并不意味着要分享某人的妻子和收入。远古时期，朋友之间所共同分享的事物更能体现出某种过分苛求的特点，他们不仅与朋友们共同分享某些物质方面的成果，甚至还与朋友们共同承受命运所带来的不幸遭遇——例如陪着朋友背井离乡，共同渡过流放生涯等。现在社会由于组织结构和某些约定俗成的模式，变得更为层次复杂且分类清晰，人们要做到像远古先人那样与朋友同甘共苦，已经是难上加难的妄想。然而当人们在野外参与军事活动，遭遇风雨交加或寒风刺骨的特殊时刻，只需要与朋友分享自己的宽大外衣这种同甘共苦的形式或许不成问题。但是出于家庭责任的考虑，与除家人之外的其他任何人分享自己的收入，就明显存在一定的问题和困难，哪怕对方是关系再亲密的好友也难以做到。而且现代人在事业上给予朋友一些力所能及的帮助，似乎含有某种腐败的意味，而且这种帮助与友谊也没有丝毫的关系，当然人们依然会很快乐地接受朋友们伸出援手来帮助自己从事类似下面这样的工作：重新粉刷厨房、挖土修建花坛、将破损报废的汽车推到马路另一侧以及为孩子们的派对烘烤美味蛋糕等。

当然在今天社会分工发生变化的前提下,友谊硕果仅存的好处就是相互给予对方力量之源,从而得以指导人生和修正错误。假如一位信任有加的忠实挚友能够在我们做错了事或者走错了路时,警醒我们、指出我们的缺点和错误、给予我们适当的建议,并且能够在我们处于进退两难的困境中而犹豫不决之时,提示或推荐给我们一系列切实可行的行动方案,或许也能够给予我们精神上的支持,或者在需要盟友之时以实际行动来施以帮助。而且在我们需要消除恐惧或疑虑以恢复信心或者平静镇定下来时,他们也会恰如其分地说一些对我们有助益的善意谎言。

每当你想起某位没有朋友之人,眼前可能会展现出这样一幅画面:一个孤独的人,就像一座被人遗弃的荒野花园,可能是一片杂草丛生的凄凉景象——看上去蓬头垢面,脏乱不堪,阴郁内向,且从来不与人交往,再往后就愈发变得古怪反常,或者表现出半痴半癫的状态。社会交往能让人们——起码是表面上——保持外貌上的干净整洁、行为上的通情达理和礼貌文雅,在神智上保持正常且机能健全。更何况得到朋友的帮助能够让人们维持各项生命机能的正常运转,而这些生命机能在被人冷落并处在无朋无友的寂寞空虚中常常会逐渐丧失。

这些都是友谊所能带给人们的诸多好处的一部分,但是友谊也有其具有负面意义的方面,以及可能产生的危险之处。其中之一就是当我们与他人交朋友时,自然也就与悲伤结下了不解之缘,这一点在爱情关系中也时有发生。任何一对朋友或恋人中，不可避免地有一方（除非双方在同一场灾难中罕见地双双遇难）将会失去与另一方的连接——因为死亡、离异或者随着时间流逝所引起的人事变迁和物换星移，必将造成人力所无法阻止的分离。而且在这种情况下，人们所体验到的随着时间逐步出现的分离是相互的，几乎很少被人们注意到，离别的双方也没有任何剧烈的悲伤感受。但是如生命终止、反目成仇或者背叛行为这些原因所造成的关系疏远、各奔东西，确实会令当事人蒙受苦痛，甚至造成惨痛的伤害。例如某位朋友罹患癌症，历经数次外科手术和化疗的反复努力和挣扎后，病情仍然不断恶化，最终在朋友面前走完了人生之路，这或许会成为我们出于对患病友人的爱而宁愿主动接受的某种烦扰和负担，然而即便在主观上愿意承受这种结局，但其中的痛苦和哀伤却不会因此而有丝毫减弱。

友谊中的背叛行为带给人们的来自精神上的一阵阵痛彻心扉的感受，必然有其自身某种特有的品质。背叛行为，或者更让人痛苦的反目成仇，最终导致敌对状态的出现，这在现实生活中比比皆是，数不胜数。忠诚友谊发展成憎恨敌意，倾心挚友转变为红眼仇敌——然而，昔日朋友在一定程度上依然纠缠不清的情况，会让所有一切变得更糟，诸如和共同朋友一起的聚会、同一家网球俱乐部的会员活动、在同一家公司共事，或者在同一所学校求学，等等，此类盘根错节、牵扯不清的因素都使情况更加复杂。

且有些友谊会因为涉及性问题而遭遇灭顶之灾，而有些则因为性关系的和谐而不断得到提升，无论其关系是否为"出于利益目的的友谊"（有人将这样的当事人粗俗地称为"床友性伴"）或是转变成了罗曼蒂克或者婚姻配偶关系。"出于利益目的的友谊"案例,就友谊关系双方当事人是否能既保持性关系又继续做朋友这个问题,给出了肯定的答复,而转变成为罗曼蒂克或者婚姻配偶关系的案例,也并非必然是对同一个问题做出部分否定的回答。

然而有些思想家,其中必定包括基督教信仰者,认为友谊关系中存在偏爱和排他的倾向,因此并非美好的人际关系。他们认为与某个人成为朋友,同时也就意味着将其他人贬低,并排除在兴趣范围之外,而只关注某些同类人群。某人全部能量中占比失调的部分,不论是在时间或者物质方面,都完全投入到朋友们身上,而他的能量本来应该可以更加公正地与其他人分享。因为将某一位朋友的利益高高地置于其他所有人之上,常常会令后者处于不利的地位,而且这种做法也是极不公平的。

所谓友谊的危险之处当然也是其消极一面的最坏情况,并且其危险之一就来自于刚才所提及的偏爱和不公现象。不仅某人由于自己的偏爱,可能会在对待他人时表现出不公不义,而且某人的判断或许也会扭曲,甚至以友谊的名义犯下特别严重的错误,提出缺乏理智的糟糕建议,违背道德义务或者触犯法律条款,帮助朋友做出后果难以挽回的恶劣行为,或者培养了某些不值得投入时间和精力的兴趣爱好。然而关于某些事物是否有价值,需要有明确合理的判断,并且这也是更加普遍的伦理意义上的反应发生作用之处,以便某人现在就能看到对其额外的积极推动:在这个方面的清晰透明,为人们成为所有朋友的更完美友人创造了一个良好机会。

因此,友谊难以尽善尽美的一面,就是当某人确实如事先所预料

180

的那样，成为其朋友的不良伙伴，并成为他人不良伙伴的另一种方式，就是某人在自身行为上有不明智的浅薄举动，从而对朋友造成伤害。雅典的泰门就是因为常常做出不理智的行为，而成为他身边人们的一位坏朋友。首先他因为没有克制地表现出慷慨大方而变得过度奢侈，后来又突然完全改变，走到了另一个极端，变得彻底愤世嫉俗，并且不愿与他人来往，尽管只是因为他遇到了少数几个对他来说可以作为何为忘恩负义典型例证的人物，也就是那些背叛了之前订下的契约之人，而且他认为这些契约是由于自己的宽宏大量才与这些忘恩负义之人约定的。

鉴于身处友谊关系中的人们或许会对那些有自己见解的他人所抱持的与自己相抵触的主张，可能存在过于偏袒不公、过于慷慨大度以及过于不屑一顾的诱惑和邪念的情况下，友谊必然将冒着与同样被世人认为是美好之物的其他事物有所抵触的危险。其实远古先人早就教导我们，对任何事情都要做到适度节制——"任何事情都不能过度"是德尔斐神谕中的著名禁令，如果将这条禁令应用于友谊之中，那也就意味着我们不应该过度喜爱自己的朋友们，不能把太多的时间投注在他们身上，或者给予他们太多的物质帮助，等等。然而不要成为一位行事"过分"之朋友的理念，与无私忘我之人有时也需要友谊的概念，是一致的吗？而且在他人真正需要时慷慨大方地援助，和做出承诺保证时全心全意地表白之间存在矛盾吗？亚里士多德在其崇尚理智的道德规范中就结合了"中庸之道"的想法，也就是通过占据位于相互对立的两种罪恶状态之间的道德空间，来辨认和识别出美德和优点——如介于卑鄙吝啬和肆意挥霍之间的是慷慨大方，介于胆小怯懦和轻率鲁莽之间的是勇敢无畏，等等。那么依此而论，友谊的美德应该在敌对的罪恶状态和——当然只是假定——奴性的崇拜状态之间进行校正调整吗？嗯，或许应该如此，因为在这种情况下，人们并不清楚奴性的崇拜状态无论如何或许都有可能是某个朋友的兴趣所在。当然"校正调整"在此可能并不是最合适的动词，或许改成"判断评价"会更加确切。其实在朋友需要得到帮助时，每个人都擅长判断评价、提出建议、告诫警示、无条件接纳和钟情慈爱、同情关心和想要独处，等等。

因此，在这种情况下运用理性的分析，对人们在多大范围或多大程度上需要介入友谊的不同环境和兴趣之问题，进行判断评价就是最适宜和恰当的方式。其实在真正意义上，对友谊关系中理性而适当地位的关注，本身就是一对相互矛盾的恶习：一方面是冷静理性地权衡以何种程度兑现曾许给朋友们的承诺并将其付诸行动；另一方面则是由于对朋友过于明显的偏爱所引发的非理性行为，而且每每谈及这些负面效果时，似乎都暗示着这种现象的存在，但还有一个更为普遍的观点认为，鉴于某些非理性的美好事物（快感就是很典型的例证）客观存在的事实，就非理性行为而言，根本不可能存在任何好处。如果友谊在一定范围和程度上，推翻和颠覆了人们对非理性行为的判断和评价，那么友谊就可能对人们造成伤害，而且事实也证明，情况通常就是如此。一群伙伴密友相约外出，饮酒作乐，他们放纵自我，喝得酩酊大醉，紧接着就煽动和怂恿其他人在酒宴上做出一些蠢事，可能还是一些危险刺激的事情，例如爬上一座很高的墙头，并摇摇晃晃、步履蹒跚地行走于其上，或者跑步穿过火车铁轨，这些事件最终都有可能造成令人悲痛的不幸结局。

另一个值得进一步思考的问题,是亚里士多德所提出的"另一个自我"的比喻——正如曾经或多或少地被当作题外话被提及,但很多次都是突然袭击般地出现,因为这个理念都是出人意料地被隐喻运用。在此,我更愿意认为蒙田对于他与埃蒂安·德拉博埃蒂之间友谊之情的美好回忆,将把两个自我融合成为一个的理念,看作是对二者合一过程的努力尝试,这种合一过程就是两个自我从人生观、兴趣爱好和共同见识方面的融合,而并非在另一个自我之中丧失了原来的自我,或者将两个独立个体完全淹没在一个共同或联合的个体之中,因为这样首先就是对当初友谊所具有的大部分美好和关键要素的否定。

当然指出和传播这个观点的最便捷的途径,就是要牢记并重视自我管理、自我决定以及自我人格同一性的建立和提升,而且要将这些当作人生的重要大事来对待。如果要表示对他人身上这些美好品行的敬意,就要与拥有这些美好品行之人成为朋友。如果要尊重他人的自主权,即其最终做出重要决定和选择的权利,就要成为其优秀的朋友,就要包容朋友特立独行的个性,就要拒绝他人过度亲密和频繁联系的要求,就要忽略某些个性上的优秀品质。其实两个或更多个体之间所存在的差异是相互补充和饶有趣味的,他们相互尊重各自的与众不同,而且这些不同之处得到彼此的敬仰、容忍、认同或赞赏,这样一种理念对于彼此之间建立成熟稳定的友谊,是再好不过的素材和资料。

其实特立独行的理念会带来相互之间的互补和完善,这不仅仅包含某种含蓄的暗示意味,而且在传统的远古时代理想化之友谊版本中，就已经有了明确清晰的展示。在此几乎可以信手拈来地列举一个范例，比如尼索斯和欧律阿勒斯在很早之前就曾经淋漓尽致地演绎了这样一则友谊故事。他们两人都正值青春年少，欧律阿勒斯尤其风华正茂，尼索斯作为一名屡经考验的可靠战士也拥有着相当高的名誉和声望——他因为拥有一双迅速而敏捷的臂膀（acerrimus armis）而声名远扬。当然欧律阿勒斯比起尼索斯来，接受战争考验的机会要少很多，当时他还是一位稚气未脱的清秀少年，英姿飒爽、俊美迷人，并且全心全意地跟随在比他年长且英勇善战的伙伴身旁，他们成了一对完全匹配、相互补偿的亲密伙伴。当时他们或许已经深深爱上了对方，并且愿意为了另一方牺牲自己的生命。他们形影不离，无法分开，冒着枪林弹雨并肩作战。尼索斯（正如他们曾经共同参与的赛跑比赛事例中所展示的那样）随时准备为了朋友的利益而犯下任何错误，这也是那些表面严肃冷峻、操行上一丝不苟且无比精于友谊理论的人所为之蹙眉不悦的品行。然而他们俩并非双生子，产生于"另一个自我"寓意的理念之一认为，双生子的行为举止就是友谊应该所是的标准模本，也就是所谓的同卵双胞胎，那些通常（尤其是在青少年时期）看起来确实就像被分成了两半的一个人。[1]然而这完全违背了友谊是两个独立个体之间相互尊重关系的理念，而且这两个独立个体之间应该是完全自觉自愿、不求回报的相互付出，从来不会不假思索就从公共利益中无意识地取走任何东西。

实际上，"另一个自我"的理念和依附于理想化友谊的人们迫切需要得到之物之间是相互矛盾的，因为处于友谊关系中的朋友应该是利他主义者，而不是利己主义者。但如果朋友是一个独立的自我，那

184 么其中一方出于他人利益和好处的目的而做出的任何行为本身（ipso facto），也是对自己有利益和好处的。利他行为同时也是利己行为，因为人们的所有行为并非只是为了他的朋友，同时也是为了自己而做的。当某个逻辑辩论就像现在这样陷入了荒谬的泥沼之中时，人们当然将会看清，所争论的问题并非是自己意愿想要其达成的样子，但这就是过于认真对待和接受"另一个自我"寓意的后果。那些凝聚联结、共享分担、奉献付出、相互依存的理念正是建立在二元性及更多其他理念基础之上的，那就是友谊应该建立在两个"他人"之间的理念对友谊自身而言所能体现出的本质和精华所在。

第十章
"我们只是好朋友"

在本书第八章开头部分,曾说到人们所熟知的前人关于友谊的两则主张和声明,首先说到的是:"友谊是人类个体之间可以相互获得的两种最重要类型的人际关系之一——另一种类型就是亲密的爱恋关系,而且友谊自身具体也表现出形态各异和涉及多人的纷繁复杂的不同现象";第二个观点认为,"在友谊关系中没有任何预先设定的用于规范相互之间权利和义务的条例和章程"。

在对这两则声明进行反思的过程中,不免让人突然产生两个意外的想法:积极主动地追求友谊之情是放之四海而皆准的伦理责任,并且友谊作为所有人际关系所希望达到的终极目标,必然胜过其他所有人际关系类型。

然而考虑到美好幸福生活所具有的自然特征,蒸蒸日上的生活会因为潜心于某些努力和尝试,而感觉到生命的美好,并获得开心快乐,实现自我的满足,朝着一个个有真正价值的目标得以实现的方向迈步前行，并且因为心中怀着这些目标，或者只是其中主要和大体上的目标，积极地刺激并影响着那些主动施爱者对其负有某些责任的他人，也就是那些处于不断减弱的关注圈里的人们，他们或许覆盖着全人类，实际上可能遍布整个人类星球。如果友谊确实是生活中最崇高而美好的事物之一，并且如果我们都赞成亚里士多德的观点——就如我认为所有人都必须赞成的那样，如果说友谊一旦消失不在，那么生活中其余的由一切美好事物精心建造而成的巨大而复杂的系统就会轰然倒塌，成为一地碎片，那么寻找友谊也就成为我们和所有其他人义不容辞的责任。让我们成为朋友吧！让我们拥有朋友吧！让我们发扬和提升友谊之爱吧！也让我们反思友谊、选择友谊、呵护友谊、培育友谊吧！就像我们常常反思和选择其他生活所必需的美好而有价值的事物一样，我们也因此用同样的方式反思和选择着友谊。

当然这也让我们陷入如何成为朋友的思考之中，同时也让我们陷入究竟希望从友谊中获得什么的思考之中，因此也通过思考寻找到我们究竟能从朋友身上获取什么这个一直以来困扰着许多人的问题的答案。在此，还要提醒和力劝大家切记另外一个观点，那就是世界上不存在任何一个他人，能够永远满足每一个独特的个体特有的所有兴趣、需求和渴望。如果此生有幸，人们或许能强烈而深刻、愉快而幸福地与某个精彩绝妙的人互有响应地共浴爱河，但他仍然需要和朋友、同事、熟人以及家庭成员之间保持某种关系。而且大多数人都能够给予和接受的爱，不仅针对某一个特定的人；大多数人需要给予和接受的爱，也不仅针对某一个特定的人。这样一个事实状况也间接地表明了，作为生命中必不可少之物的友谊，远不止发生一次、远不止与一个人发生。即使我们拥有了与自我之中最自我的那部分完全相符的某个朋友，即使他也能符合我们无须装饰的本来面目之中最核心的那部分，即使他让我们清醒地意识到那种与另一个靠近这段友谊的他人之间本然且思之若渴、如天人合一般的情感共鸣。

或许人们会把家人、熟人和同事看作符合自己对群体生活的需求中，相对不太紧迫的方面，而只将某一个或数量极少的几个许可进入内心的机会留给某些特定的朋友们，"真正意义上的朋友"正如人们在表明这种区别时经常说到的那样，是人们承认并容纳其进入那些其他人不能走进的心理角落的某一个或数量极少的几个人。

"真正意义上的朋友"这个词组还有其他某些意义更深远的暗示意味。现实生活中确实有一些朋友真的就是这样，他们相比其他熟识的人与我们走得更近，同时也被我们赋予了某种特权。但是在和他们的联系中，仍然存在一些突出的问题，无形中似乎也设置了某些限制。这些虔诚的行为或语言进一步说明，世界上根本"没有真正的友谊"（再一次出现了"没有真正的苏格兰人"的悖论）能够存在于涉及相互利用价值的情形之下，甚或只是单方面有利可图的情况，同时也说明了他们的所言所行仅仅只是虔诚的行为或语言。似乎没有任何理由能够解释，为何朋友们不可能都是、并且认为他们就是如此具有相互利用价值的，或者哪怕只是单方面具有实际利用价值（尽管在这种交易中，几乎总是存在某种形式的利益关系）。而且我们正是通过这些词汇，对任何种类的友谊，与其相互联系动机之中加入了伪善、欺骗和无诚意因素的人际关系进行区分。如果"A和B是朋友"是真命题，那么按照其定义，当然不会涉及伪善、欺骗和无诚意的因素。

如果现在这样一段关系发展进化成为一段"真正意义上的友谊",也就是某种更加亲密的关系,其在实用效果方面就与友谊的实际情况不再有相关性,尽管现实中这些情况并没有消失,难道这段关系已经不再是从前的那段友谊了吗?因此通过立法规定,如果友谊开始于纯洁无瑕、非功利性、完全相互平等之时,那么友谊就只能始终如一地维持原样的想法,多少含有某种轻率鲁莽的意味,因为并非所有的友谊关系都能够达到这种程度,或者说能够达到这种程度的友谊数量确实不是很多。

至此不禁让人回想起"伦理"和"道德"所具有的不同层次的含义,道德是伦理的一部分,而伦理则是一个范围更广泛、更加排外的概念,伦理是对"我应该属于哪一类人,并且应该以怎样的方式过完此生?"这一人生终极命题的响应和回答,而道德则是对"我对于他人(或许从某个角度来看,他人中有时也包括自己在内)的责任和职责是什么?"这个问题的回应和答复。人们的道德观念往往从其伦理观点基础上产生,并且两者在本质特性上相互影响,但道德观念的范围更狭窄。然而友谊作为构成美好生活的美好事物之至关重要的组成部分,其相应地就与伦理之事发生关联,这同时也就意味着不仅美好的生活需要友谊充斥其间,而且因此——正如之前所提及的——两个概念在伦理意义上需要付出的有重要意义的努力,就是对如何成为所有朋友以及其他可能成为朋友之人的朋友,并且就如何对自己的好友展开认识和了解过程进行反思和回顾,在此需要明确的两者之间的区别主要是,成为他人的朋友是作为施予者角色,而以友好的态度对待他人的友谊,则是作为接受者角色。并且建立"真正意义上的朋友"

的联结关系之必要条件之一,就是双方当事人在彼此的关系中既承担施予者又承担接受者角色——两者是彼此相关的条件,尽管在此,如果过分要求某种单纯意义上的对称和平等,必定会造成过失,因为双方当事人在相互的关系中,必然会在不同时机、以不同方式、在不同程度上表现出施予者和接受者的角色。

然而人们对如何正确成为朋友的理念,还有某种更有趣的理解——在相互平等的关系中的施予者部分,在此可以一般化。本书第一部分详细探究过类似的案例,并进行了探讨。一直以来似乎都存在着一种暗示,认为无条件之爱并非友谊,因为在无条件之爱中,并不存在歧视排斥,或者偏袒爱护某个或某些人的情况,而且其更趋向于普遍存在的博大之爱。无条件之爱也正是基督教慈善团体所推崇的理想而完美的典范(拉丁语中的博爱(Caritas)就是希腊语中的无条件之爱)。追根究底,这种观点就代表了人们关于人类本性和习俗惯例的评述意见,与之相适应的那些言词语汇和纯美想法应该已经使众所周知的"(像慈善机构对待穷人所表现出的那种)冷若冰霜"这句谚语式习语得到了最终的提升,但现实情况并没有发生任何改变。现在普遍得到认可的思想认为,成为他人的一位"真正意义上的朋友",必然以承担互惠互利的相互关系为前提和基础,而"做一位朋友"却并不需要如此。如果我们说乐善好施者(Good Samaritan)对于那些沦落于贼群中之人表现得友爱善良,或者说采取"以友相待"的方式对待那些人,人们自然也不会再误用这个术语。反之,乐善好施者非常充分地履行了朋友应该履行的职责,并且完全理解和支持另一个他人所需要的朋友对所有人来说究竟意味着什么这一理念之精髓——或者他其实是在友好地对待更广泛意义上的其他任何人,即使只在临别时刻,即使只是短暂片刻。[1]

因此从这个角度来看,人们为了设法投入为获取人权平等而开展的激进主义运动、为争取公平公正而进行的社会活动、为实现人类思想和个人解放而发起的反抗运动、为建立更加宽容仁慈的人道主义法律和社会分配制度而开展的工作,以及为某些慈善目的而进行的工作之中时,体验到的某种责无旁贷的强烈责任感,或许就是他们采取作为全人类朋友的立场看待问题所产生的结果。在我看来,没有任何理由不进一步谈论这个问题。为何我们不能和动物做朋友,以反对利用工厂化养殖和其他形式变相虐待动物的残酷行为,或者与大自然交朋友,并通过对其采取保护措施的方式,留给世世代代的子孙后代一个更加良好的生态环境呢?在此,这个想法并非对友谊话题的拓展和延伸,因为在通常关于成为 X 的朋友的理念中所暗示的事物,无论这个 X 是什么人或什么事物,都指的是一组更为特别的理念,这个理念常常涉及担心挂念、同情慰问、兴趣爱好和为了某个人或者某个客体目标的幸福安宁所采取的行动,以及牺牲自己的某些物质和便利条件所做的准备。

现在的人们似乎已经没有任何疑惑,唯一要做的只是全身心地投入到友谊的施予者角色之中,去面对那些对自身生活满意度有所贡献的通常意义上的受益者们。简言之,所有的美好行动终将带来美好感受,与伦理有关的理想典范也是如此,友谊从更广泛的意义上来说,也是值得人们去追寻的,而且其在思想道德面貌的许多方面,与普世主义原则(Universalism)的观点和意见是完全一致的(其实从广泛包容的角度也突出和支持了佛教和耆那教的相同观点)。

与此同时,友谊的核心概念继续保留了由两个或者少数几个人之间亲密无间的个人意义上相互联系的理念,然而就成为个人友谊关系中的一位朋友而言,比如说涉及环境问题,需要更多思想精髓支撑的文化艺术已无须赘言,因为个人友谊本身就需要对他人有一定程度的认知和理解——毕竟关系双方是两个本质上完全不同的事物,足以根据朋友本人或者他的自然天资而相应地承担合格的施予者角色。

也就是说,尽管在今天这样一个没有缩减趋势,或者未经深谋远虑的状态下,友谊关系当然还会涉及对人们免不了要遭受的一切事物的理解过程,而且接受容纳、宽容忍让和同情安慰一位朋友,常常也必然涉及对他们的失落和希望的领会和把握——其中还包括那些未曾变成现实的部分内容,因为人们不得不随时准备着面对这些问题,就如同人们希望他的某个朋友或者所有朋友们都能够妥善处理自身的问题一样。

常言说得好,我们不会因为朋友们所取得的辉煌成就才喜爱他们,但是内心(总有这种情况出现)必然希望他们能达成自己的理想目标。因为一个人发自内心的真诚愿望,必然会被他们自己一次次挂在嘴边,同时他们也会尽自己最大努力去实现自己内心的愿望,即便他们最终未能如愿抵达他们的向往所在,但人们依然会因为他们拥有梦想而为他们感到骄傲,并为他们勇于尝试而心存爱戴。

前面有所提及的第二个令人感到意外的想法是,友谊作为所有人际关系的终极目标,远远胜过人与人之间的任何其他关系。有鉴于此,我想要说的是,如果友谊确有如此崇高的价值——而且理智分析和社会舆论都一致赞成这个说法，那么它就应该是一个自上而下、组织管理非常严密的事物，也就是说友谊自身就能够告诉所有身处关系之中的人们，究竟被什么引导而相互建立友谊，或者如何去评价友谊最终结果的优劣。而另一个同时也更有偏见性倾向的说法是，友谊的崇高价值暗示着任何防止友谊产生、或对其造成干扰妨碍的约束和规范都是错误的，并且在当代社会中恰好存在许多这样的范例，正如自始至终都曾经出现过的那样——在某些重蹈覆辙的现象再次出现时，改变的警钟就会敲响，这已然贯穿在整个人类历史发展的进程之中。

我曾经在一次名为魔鬼拥护法（Devil's Advocacy）的任务导向过程中，以最具挑战性的方式表达了上述观点，并且同时提出以下话题供大家讨论：对友谊造成持续不断的沟通障碍的所有情形中经常发生的就是性行为。性行为几乎在所有的社会现实中，都是某种被克制和约束的事物，人们形成了绝对严格的风俗习惯、道德准则和法律制度，就什么时候、什么地方、和什么人以及什么情况下能够发生性行为，进行了系统的规定和控制。一夫一妻制所严格要求的两性忠诚，在所有基督教和犹太教社会中都是人们期望中的规范，因为就本性而言，人类打破常规比遵循教条能得到更多的荣誉和尊敬，而且依据其潜在的生物学基础，人类并不擅长遵守传统和法律历史进程中某些适应性的变化。

其实不仅仅只有性行为本身，包括其他任何事物在内，基本上情况都是如此——例如绘画作品、语言词汇，以及裸露全身或者身体的某个部位，都不无例外地受到风俗习惯、道德准则和法律制度的影响。所有人都在尽自己最大的努力，将这些事物关进设有层层防卫的壁垒之内，扣紧所有的开关，守口如瓶，只字不提，将之隐藏在讳莫如深的某处，并且使用权力镇压可能出现的一切反抗。[2]采取这些方式、组织一切力量处理与性行为相关的问题的结果，就造成其他所有的人际交往和互动关系同时都被控制起来。在此，以某位曾经一度习惯于诸如婚姻生活这类家庭伴侣关系的女性为例，她一旦走进婚姻生活，从此便可以料定，她不仅在与某个男性的性生活方面，而且在与他人的情感亲密关系方面，都将受到严格的约束和限定，即使她可能时而会与某个或少数几个女性朋友继续保持情感上的亲密关系（但是通常不涉及身体方面的亲密接触）。当然她也可能会继续结交其他男性朋友，但是与这些男性朋友保持怎样的亲密程度，以及采取什么方式保持，必然会存在一定的限制。众所周知，家庭伴侣关系历经岁月变迁后，情况会随之改变，或许在进展最好的情况下，家庭伴侣关系会越来越深入，并且从中也会产生某种成熟稳重的浓情爱意。然而，任何事情都存在着人力所无法阻止的改变趋势，而且她一直以来也已经逐步形成了某种习以为常的处事方式，但她仍然被当初排除一切外部干扰的婚姻契约所紧紧束缚着，深深陷入那种她在这个契约范围之外也同样能获得的人际关系之中，无法自拔，无路可退。此时她已不可能再去爱别人，除非她一意孤行，不顾一切地冒着巨大风险，摧毁建立在原始情感基础之上的整个家庭工程错综复杂之组织结构。

社会以其无比敏锐的方式，操控和限制着人们互相之间可能产生的爱慕之情和亲密行为，以及其他任何形式的接触交往和情感共鸣，迫使人们为打破世俗常规付出高昂代价。试想一下前文中举例说明时所提到的那位女性，如果和她丈夫以外的某位男性交往过于亲密，并且超出了正常朋友的关系,再试想他们之间的友谊循着自然而然的情感发展过程,从拥抱、近距离身体接触、亲吻甚至发生性关系,并最终被公之于众,她很有可能要付出的代价,就是家庭系统的破裂——那是一种出于人类本性的巨大惩罚,但就其自身的内在感受而言,应该就像是从所有那些被风俗习惯、法律制度和期待盼望,从一层层波纹钢板一样堆积缠绕的一切中解脱出来——突然意识到所有那些曾翘首以盼的东西原是多么美好。当然这一切设想中的情景可能都会变成现实,因为她的丈夫从小就接受了传统的教育,并且认为妻子对自己犯下了严重到不可饶恕的过错,而且自己理所应当能够排除一切外力,独自占有她所有情感,及其向外表达的方式。

当然,人们在此必须正视和面对的具有毁灭性的现象,主要缘于社会强加于性背叛行为之上的已然约定俗成的过度处罚,但是城门失火,殃及池鱼,任何相邻的两个事物必会相互影响——其中几乎包括所有跨越性别差异、跨越种族区别、跨越宗教分歧、跨越年龄差距的友谊,所有这一切都在那双已经习惯于道德说教和比对控制的敏感多疑之双眼的监视和关注之下。

但是,如果友谊确实是某种伟大高尚的美好事物,并且如果这种关系也确实能够成为彼此相邻的人们相互靠近、亲密接触和互惠互利的模式,或者人们与这些模式能够和平共处,甚至能够通向或者产生这些人际模式,那么所有阻挠友谊进展的风俗习惯、道德准则和法律制度,或者还有除此以外的其他事物,都是从根本上完全错误的。

当然,另一种注重实效的观点认为,只有某种特定形式的友谊才是可以接受的。大部分社会从其与众不同的民间风俗习惯,进而扩展到全社会只接受这种或那种形式的友谊,并且可能也是其所赞成的对友谊之情采取司空见惯的傲慢态度,之所以显得如此浅薄的原因所在,反过来也可能是所有依据友谊具有伟大意义的伦理价值观念所促发的思想,经检视竟然如此令人感到意外的原因所在——因为这些想法和理念被获知的途径,已然不再只是凭直觉获得的。

其实有一个事情或许会引起一些思考,而且在之前关于某些模棱两可且错综复杂之事物的叙述中,曾被多次回避的问题已经暗示了:跨性别的友谊问题是存在歧义的。那么异性之间的纯粹友谊真的有可能存在吗?这个问题当然与所有处于恋爱年龄,以及部分已进入成年时期的男性和女性有某种联系,这些女性和男性对性的兴趣,或许是被身体接触和亲密行为所激发和唤醒的,其实没有人认为,只有特别年轻或者特别年老的人才会有这种与性无关的友谊体验,而且在他们之中普遍存在这种友谊的原因也是不言自明的。

可见在此至少包含了两个假设,其中之一是,如果某段关系涉及性行为,那么肯定与友谊无关,这个假设在之前的许多章节中已充分论及,并顺便捎带着加以了否定。另一个假设则是,如果某段关系确定是友谊,那么必然不涉及性行为。"我们只是好朋友。"某些不愿在公众面前曝光的名人伴侣因为被人们发现频繁出双入对,并被猜测有炒作倾向时,或许常常会这样来回应,其实他们正是在利用上述第二个假设来提升自己的知名度。

如果有人认为,在此对两个假设之间所进行的对比中,其实不存在任何不同之处,那么不妨再细想一下:很多人际关系都开始于相互之间的吸引,并逐步发展成为风流韵事,目前通常还伴随着以身体上的亲密接触作为衡量标准，并且这些因素已经成为关系中不可或缺的重要部分。当上述这对伴侣开始更加深入地彼此了解和信赖，其关系的核心依然是围绕着相互间的吸引和某些性方面的因素，他们必然会达到并具备所谓的普遍定义下重要友谊关系所具有的某些特质。其实即使处于蜜月阶段的精力最充沛的恋人们，或许也会停下乐此不疲的性事，一起吃吃饭、散散步或者聊聊天。那么可想而知，在这些幕间休息时段，所有能将他们连接在一起的事物，当然也能将朋友们连接在一起。然而人们为什么不能接受处于幕间休息的恋人们也是朋友这个说法呢？当然在此，这个"也"字的含义极其重要，也就是意味着他们不仅仅是朋友，而且这个词语很显然在一般意义上可以理解成，为仅有的唯一可能保留了空间，并且无须否认这种情况的存在。当一对恋人被他人说道，他们同时也是好朋友时，其中隐含的意思也就是他们在一起相处得十分融洽（当然，正如这个词语字面上所表达的意思一样）。

如果从另外一个角度来审视友谊，必然会注意到，人们通常认为，如果"他们是朋友"这句话是对一对或者一群人所维持的某种关系之准确描述，究其原因就是，人们更趋向于传达某种唯一且仅有的感觉。通常对于谁与谁以什么方式相互连接所产生的兴趣，往往是引起全社会关注的充满活力的话题——研究人员对狒狒群落进行的研究实验便展示并证明了这种关于谁和谁是什么关系的话题，需要详细阐述的复杂认知，因为家族亲属和外族同伴之间不同的关系模式，对于整个族群的幸福是必不可少的，甚至是生死攸关的。人类爱好传播流言蜚语的习性背后，似乎隐含着一个更深层次的原因：在与其他灵长类动物相同的情况下，人类在社会中的人际关系模式，其不断变化的信息显得非常重要（因为社会生存对于人类可谓生命的终极目标，而无法在社会上生存，几乎就等同于死亡）。因此，这个专有名词也标志着某种显著的区别，但同时人们认识到，这个专有名词也代表着某种类似戴着面具一般的掩饰现象。因此研究语言符号及其与使用者关系的理论，在此就可以发挥应有的作用，而且在被说起时，常常还伴随着眉毛细微的变化，或者音调短暂提升的"朋友"这个词，其实就隐去了潜在的"只是"含义。

然而能够结合个人主观经历和体验来作为理解这个概念的正确而恰当途径的情况相对较少，但这也是可能存在的诸多情况之一，或者说，至少是真正投入地了解的过程的一部分。从某个特定的角度来看，在我们的思想结构体系之中存在着一些基本概念，而且这些思想都是"原始简单的"，或者说是建立于某种无法解释或无法充分解释的感觉之上的，人们除了能够直接体验其所揭示的真相之外，别无他法，而且其中的大部分概念，是那种即便想要通过直接体验的方式也不可能领会其真义的，例如"珠穆朗玛峰的高度"就是一个只能通过字面意思来理解和领会的概念，并且粒子物理学中的电子概念也是只能通过使用数学仪器描绘量子现象的方式来完全充分地了解和明确的。人们不可能充分传播和表达"黄色"这个概念的真实意义，除非在某一时刻能够展现那个色彩的焦点样例。除此以外，在不提供食糖、蜂蜜或者其他物质来刺激那种感觉的条件下，仅仅利用味觉感官也无法准确领会"甜蜜"这个概念的真实含义。

由此可见，对每个人而言，因为都是个体意义上的存在，自然各有不同，因此在个人经历和体验中，对于"朋友"这个概念的想象，就会有某种类似于一块彩色碎片，或者一勺蜂蜜所带来的感受。在我11岁前后的年代，威廉·布朗（William Brown）和金杰（Ginger）以及紧随其后的道格拉斯（Douglas）和亨利（Henry），给整个社会提供了某种典型模式，展示了一帮朋友可能会是什么样的。还有朱利安（Julian）、狄克（Dick）、乔治（George）、安妮（Anne）和那条叫蒂米（Timmy）的狗，则表现得更为平淡乏味。[3]或许当时的人们更多的是在行为上模仿他们，而不是通过从自身角度推断的方式去理解他们的所作所为。但无论通过何种方式，每个人能展现友谊之真义的个人经历和体验都在不断的获取和累积的过程中。

从8岁到12岁的这些年中，我曾先后结识过四个朋友。我和他们中的每一位都不是在同一个时间和地点相遇的，但他们却都曾陪伴我度过了很多快乐时光，我们一起玩游戏、做手工、装扮成牛仔和印度人，爬树、围着汽车转圈、搞恶作剧，等等，似乎相处时的一切都保持着某种自然而然的正常状态。直到今天，我仍然没有完全意识到，究竟是什么原因，让我如此喜欢和他们待在一起。我也几乎不知道自己的所作所为——尽管当时我那样做的时候应该知道——根本就不像一位男孩应该做的。如果我不喜欢某个比我年长的男孩，通常是因为害怕而被迫屈服和顺从于他，或者在某些方面有过不愉快的感受。当然对于那些不想和我成为朋友的男孩来说，我的存在是无关紧要的，或者更准确地说，是处在可有可无的中间地带，但是当我和朋友们在一起时，他们和我都很单纯地假定，我们是有着共同的兴趣和爱好的。

记得有一次,我和这些男孩中的一位在两家花园之间的一条小巷相遇后,彼此就相识而成了朋友,后来因为证实某一天我们中某一方的兄长在一次群殴搏斗中狠狠揍了另一方的兄长,便怒发冲冠,进而造成相互之间关系的疏远和终止。当时我们分头跑去叫来了两位对此困惑不解的兄长,各自站在自己兄长的身后。兄长们互相以最友好的姿态进行交谈,随后每个人在各自兄弟脑袋上用力击上一掌,紧接着我们这两位曾经亲密无间的好友从此也就以友善的方式各分东西,但是这件事与进取心所受到的挫伤关系非常密切。其实,我们决定和他人成为朋友时绝对无须任何理由,或许只是因为其中一位说了句诸如"过来看看我的玩具火车模型吧"之类的话,另一位就蹦蹦跳跳地飞奔过去,从那以后,每逢学校放假,其中一个就会一直待在另一个人家里,或者像所有男孩子们所爱好的那样,相约一起到处游荡。

后来,在宠物狗身上发现的某些现象中,我看到了自然和本能的连接反应在友谊关系中所起的作用。我养的那条宠物狗在公园里到处嗅来嗅去(我常常认为,犬科动物的这个习惯动作类似于人类查收电子邮件的行为),对遇到的其他大部分狗都表现出不屑一顾的轻蔑态度,但是偶尔看到另外一条狗,甚至只是远远地瞥了一眼,在我的认知中,它们从来没有遇见过,我的宠物狗就会兴奋地摆脱约束,迎上去打招呼,和那条狗一起玩耍。我想在如此远的距离之外,应该不会涉及嗅觉问题,因此也很难了解究竟是什么原因触发了它的另类反应,或许某些对狗族交流方式更有研究的人能够说出其中的缘由。

当我还是个孩子的时候,我知道我喜欢另一个男孩的原因,是因为他聪明有趣,因为他对恐龙和其他深奥的知识都有很深入且全面的了解,而且还因为他收集了很多有趣的书籍。记得我曾经的这位朋友有位孀居守寡的母亲,她对于自己的儿子保护得很严密,而且他有一个相对于身体来说显得过于巨大的脑袋——或许是充斥其中的大脑使其负担过重,当时我们对这个猜测都很有信心,还有他那一头蓬乱浓密的红色头发,或许也因为这个原因肆意卷曲着。由于他聪明伶俐而备受老师们的珍视爱护,其他男孩都不喜欢他。当时我甚至认为在某种程度上,老师们因为他的存在而紧张不安,因为他虽然只有大概十岁的年纪,但在数学方面已经表现出胜过老师们的潜质和能力。其他男孩们都瞧不起他对体育运动轻蔑鄙视的态度,但我却发现他身上有某种令人愉快的品质,并时常表现得特别风趣幽默,所以我对他非常友好,我们互相结识,继而成了朋友。

在当时寄宿学校繁忙且要求高的氛围中,每天的生活都充斥着各种高谈阔论的喧闹嘈杂,和为实现各自目标的不遗余力,但是仍然有可能会发现,相对其他人来说,自己对于某些特别的男孩更加关心,也更能产生相互的感应。但很少有人谈到,自己会不由自主地主动与他人交流,并且深刻理解他人的信心得到增长。或许那种环境是学校风气的人为产物——与那些维多利亚时代寄宿学校非常担心校园同性恋现象滋生蔓延的情况极为相似,这种环境和氛围致使每一天都像在进行一场疲惫不堪的比赛。其实阅读一些有关军旅、露营甚至远征生活的报道和描述文章,很容易让人联想起那种寄宿学校模式的管理体制。在那种体制下,人与人之间更多地保持着基于某种共同的经历和体验而产生的同伴关系,而不是相互接触过程中所形成的友谊关系。对我而言,这段经历所带来的经验教训确实相当有趣,至今难以忘怀。

所以说我的友谊经验完全是通过这样的方式认识和体会到的，而且每段友谊的发生和发展都非常真实自然，无须任何修饰地点缀在人生的每一个阶段。首先是在中学时代的最后几年，友谊的体验明显集中地出现，接着是在大学生涯的整个过程中。尤其在后来的大学时期，我曾经与两位朋友有过关系甚为亲密的交往，并且一起享受着友谊带给我们的所有美好体验，我们三个人从表面看来各有特点（主要体现在社会背景方面的差异），但是彼此之间又存在某些类似的幽默感和——尤其在我们三个人中关系最为亲密的两个人之间——基于对一系列音乐和书籍的共同爱好而建立的彼此谈话时心有灵犀般的快速交流渠道。尤其在大二和大三这两年，我们三个人一起居住在位于狭窄街道的小屋中，那里阴冷潮湿，几乎可以说根本不适合居住，并且由于疏于打理而常常邋里邋遢，很不整洁，但对我们而言，那间小屋却是充满了无尽欢乐的友情港湾。

在大学生涯的最后一年，其中的一位好友不幸被诊断患了癌症，并且在确诊后一年之内不治身亡。在他患病之前，我对他的家庭状况就有所了解，并且与他的姐妹们也建立了比较亲密的关系。就在他去世的那一年，以及所有陪伴他走向生命终点的日日夜夜，我亲眼目睹了他的父母为此所承受的难以言表的痛苦，特别是他的父亲。对他来说，我的这位朋友可谓他们生命中最骄傲的、视若珍宝的孩子，他的死似乎使整个世界因为失去了如此年轻、阳光和美好的事物，而变成一个不可思议的愚蠢天地。另外一位朋友曾经是两位朋友中与我关系更亲近的，但是由于第三个人的消失，我们之前紧密的连接仿佛一夜之间就彻底解散了。在我们三个人中，这位与我关系更亲近的朋友曾经是位毒品使用者，而且长期吸毒已经开始对他的生活产生了负面影响。他原本聪慧过人，但毒品似乎正在摧毁着他的头脑和心智。由于毒品的影响，他逐渐变得既滑稽又荒唐，整天傻呵呵地令人讨厌。看到这种状况不能不令我灰心沮丧，我的感觉就像那位患病离世的朋友离我而去时一样，似乎有某个难以名状的事物正悄悄地将我们脚下的地壳板块移走，而且这一切都是我们自己的力量和意愿所无法左右的。从此，我们彼此就像陌路人般毫不相干。

或许最丰富多彩的友谊体验随后才出现在我面前。当我正式步入婚姻殿堂，紧接着友谊就建立在我们夫妻与另一对像我们一样有了孩子的已婚夫妇之间。这种友谊似乎存在某种包含实质性内容的相似性，以及可以交流分享的经验，并且提供了互相帮助的机会——如互相照看孩子、接送孩子上下学和一起打桥牌等，因为现实条件已经注定不可能再像未婚未育时那样，有充分的闲暇时间外出旅行。但是这些共同完成的事务实际上无形中创造了很多可以相互了解的机会，而且能够结合现实情况和个人特点更加全面广泛地深入了解。当然过程中自然也会出现许多需要面对和解决的实际问题——如会对孩子产生影响的突发疾病和意外事故、偶然的分离或者涉及交往圈子中某对夫妻的离婚事件，以及圈子内外的通奸外遇情况，等等。但是现实生活中难以避免的各自因肩负的不同责任而感受到的不同程度的生活压力，让我们之间的友谊变得更加深厚。这些都是具有实际意义的友谊范例，虽然在某些理想化和敏感理智的版本中，这些特征曾被世人歌颂赞美，如相互依存、分享信息、时间和婴儿衣物等资源，有来有往的帮助以及对他人的理解和宽恕，因为彼此之间非常熟悉和了解，无须每次重复按情理应该给予的解释。

因此，随着时间的积累，其中的某些友谊慢慢成熟，变成那种无须频繁打磨擦拭而依然焕发光彩的情谊，多年以后，依然能够随时捡起和放下，流淌在这段友谊中的优美旋律从来未曾错过哪怕再微弱的一次律动，并且依然生动地展现着友谊的核心理念。正如人们被问起时，常常能看到的那种情景：如果你的朋友突然急切地需要得到你的帮助，你会在深夜起床，穿过田野，及时来到他身边吗？回答当然是肯定的。然而那些不能做到这些的人又会怎样呢？当然及时接听朋友的电话或许也是一种尊重，这个过程中所涉及的个人利益的牺牲几乎微不足道，因为在朋友需要帮助的情形下，自己的睡眠和时间简直一文不值——只要你愿意，或者只要朋友确有需要，就能做得更多。

当然，有些人天生就具备与人交朋友的潜质，而另外一些人则并非如此，但是对于那些只有一个或者少数几个只是偶尔见面的朋友的人来说，友谊的意义和价值和那些虽然建立了更广阔的朋友圈、但一段时间内只有其中几个处于自己的关注范围中并且特别亲近的人们，相比较而言，并没有任何差别。这两种情形下的实际情况，都是只有一个或者几个人会来陪伴他们，甚至会时常想起他们。但问题的关键是，我们在自己周围划定的，那些用于隔开和区分其余世界从哪里开始的界限，存在着某种意味深长的重要意义，那些被划定在界限里的人似乎因此被赋予了某种特权，并获得了某种为其所独有的财富，那些我们可能只有付出某些巨大代价才不会失去的一切，而这些代价却使整个世界越来越贫瘠。

200   或许我们因此会得出一个奇怪的结论：从此绝对不再把朋友称作"朋友"。"朋友，你想来杯茶吗？"或许会成为我们在某个乡村宴会上招待客人时，对一个陌生人说出的话。当电视节目主持人与那些假想坐在家里的电视机前观看的孩子们谈话时，她可能也会说"你好，观众朋友们！"但是她并没有和这些孩子中的任何一位有过私下的单独接触。其实如果你看到某个人的脸而称呼他或者她为"朋友"时，你或许恰好正对他们怀着相当深的敌意——"你要留神了，我的朋友，如果再这样，当心我把你的鼻子打歪！"

每当人们谈起某个不在现场的当事人时，常常会使用"朋友"这个称谓，或者每当人们将这个称谓与"女朋友"和"男朋友"的含义等同起来，以及每当人们想要向某个特殊人物表达自己的接受态度，而且那个人当时也在场的情况下，通常也会用到"朋友"这个称谓。但是人们只在获得他人允许的情况下才会这么做，因为使用这个称谓就意味着，双方必须事先已经有过多次你来我往的付出和接受经历。

但是如果在和某个朋友的交谈过程中，我们确实要用到"朋友"这个称谓，那么也就意味着，某个违背公认准则的事件正在酝酿之中，并且即将成为现实。当我们在向他人提出建议、劝诫、警告和恳求时，我们就会提醒他人我们的朋友关系，似乎意味着我们被授予了某种特权，并有资格去做我们正要做的一切事情，或者去说我们正要说的一切话语，而这个特权似乎正是友谊所赋予我们的。每当我们和某人会谈时，或者因为友谊已经走到了终结的边缘，或者因为我们绝望地意识到友谊已经破裂，我们便调出这个称谓，以及其所能产生的所有力量，以期已然逝去的友谊能起死回生，或者朋友可能会接受我们的临别赠言。

其实某一方当事人的勉为其难，并不注定着友谊必然会重新开始，或者已经走向终结的风流韵事反而让"朋友"这个称谓的边界尖点突然无意识地展现出来，并在此时此刻如同一面毫无遮蔽的幌子，赫然出现在人们面前："我更喜欢和你做朋友，"每当女孩拒绝自作多情的男性追求者时，常常会这样说，"让我们一直做朋友吧。"罗萨里奥（Lothario）对那些被他抛弃的女士们也常常说这句话。

人们在谈话中已经习以为常地用到"我的朋友"这句惯用语，而且常常带给人冗长累赘的感觉，正如"朋友告诉我"和"我的朋友告诉我"说的是同样一件事情。当然为了区别某人的朋友和某人自己，在话语中加上"某人的朋友"或许更贴切些。其实这句惯用语总给人一种黏滞障碍的晦涩感，情况虽然如此，但其中的有趣之处就在于，话语中对表示所属关系的所有格的强调："我的朋友"（my friend）和"我的一位朋友"（a friend of mine），意思是指那位朋友是属于我的，而且我也是属于他的，这种刻意的强调就是要突出显示说话者自我感觉良好的那部分。

当然，友谊在个体领域是有其特定价值并值得期待的，但在政治领域，有时友谊却常常被认为是值得怀疑的。因为政治领域所涉及的友谊往往会引起广泛的不安和焦虑，而且牵涉友谊之中的忠诚特性，或许要适应某些不可告人的私人利益，而并非官场上所盛行的那一套。然而友谊在经商过程中却有其重要性，人们在谋利的同时，常常不会忘记培育和建立与他人的友情关系，因为这样做通常能带来一定的好处，而且在双方当事人彼此都这样想时，所获得的好处就是最有意义的，这种友谊也是最富成效的，除非有任何欺诈手段参与其中。或许每个人都希望友谊在生活的所有领域都受到欢迎，因为亚里士多德曾经理性地分析道，一个社会由于存在友谊产生于人群之中的友好和谐关系，将变得越来越美好，因此如果社会已然成为美好友情的巨大集合体，那么生活其间的人们就能在个人和集体意义上，深刻体会到至高无上的终极幸福感。

然而，人们在诸多情况下，自我限制了建立友谊的机会，诸如性别、年龄、宗教信仰、种族、社会角色和职务职责之间的所有界限，都关闭了设置在人与人之间保持相互联系的百叶窗，而且这些自我限定行为几乎都基于某些想当然的假设——当然公平起见，其中的某些假设有时也存在真实的一面，那些或许就是因为陈规陋习而产生的危险。有史以来，人们就亚里士多德哲学流派所发起的"朋友社会"计划（当然并非贵格会教徒（Quakers））所涉及的利益问题进行了长期的争论，可是"朋友社会"计划最终未得履行的原因，应该始于某些人自以为是地认为某些假设有利于友谊，而把这些想当然的假设推定成了事实，其实那些想法并不会如此遥不可及，以致令人难以置信。本书在前面的论述中谈到了，人类倾向于接纳友谊的基本社会属性已经得到社会的普遍认同，但是越来越多的人被迫选择努力工作，其实就是为了在发展友谊的道路上设置某些障碍，尤其当人们正处在青春年少之时。一般来说，幼儿园里的孩子们会不知不觉地和身边所有人成为朋友，不管他们来自什么社会阶层、成长背景、皮肤颜色、宗教信仰和政治党派的家庭，然而正是社会，也就是我们大家，创造了由分歧和差异所构成的友谊解散机制。

最后，尽管本书所讨论的核心观点是个体意义上的友谊，但我仍然想要重复开篇时所说的那段话：如果我们在成长过程中能够与自己的双亲，为人父母后能够与自己的孩子，甚至当恋人、配偶和同事依然是恋人、配偶和同事之时，与他们成为朋友，那么我们的人生可谓达到完满成功。因为在某些特定的情形下，若某种连接开始形成并继续保持，而且能够值得信任和依赖，那么这种连接就超越了其他任何让我们走入其中并与某些备选人群建立的交往关系。总之，这些连接是那些赋予我们生命意义的一切事物之重要组成部分，正如我们的生命赋予它们以意义一样，因为如果没有这些连接的存在，我们将会变得更加微不足道，并且将会一步步走向与虚无越来越近的险境之中。

注 释

导论

1. 维拉·布里顿:《友谊的誓约》,2 页。

2. 同上书,10 页。

第一章 《吕西斯篇》和《飨宴篇》:柏拉图之恋与友情

1. 《吕西斯篇》,210 页,e 小节;《柏拉图对话录》,本杰明·乔维特译,第 2 卷,收录在《〈飨宴篇〉及其他对话集》,3 版,1924。

2. 同上书,207 页,c 小节。

3. 《查密德斯篇》,154 页,e 小节。

4. 《吕西斯篇》,210 页,c、d 小节。

5. 同上书,211 页,e 小节。

6. 同上书,212~213 页,b 小节。

7. 同上书,214 页,e 小节。

8. 同上书,215 页,a 小节。

9. 同上书，215 页，a、b 小节。

10. 同上书，222 页，e 小节。

11. 同上书，223 页，b 小节。

12. 同上书，221 页，d、e 小节。

13. 亚里士多德：《尼各马可伦理学》，莎拉·布罗迪和克里斯托弗·罗维译，1155 页，a 小节第 5~10 行，牛津，牛津大学出版社，2002。

第二章 亚里士多德的经典名言：朋友是"另一个自我"

1. 亚里士多德：《尼各马可伦理学》，1155 页，a 小节第 15 行。

2. 同上书，1144 页，a 小节第 25 行。

3. 亚里士多德：《政治学》，1295 页，b 小节第 23 行第 7 句。

4. 同上书，1280 页，b 小节第 38 行第 9 句。

5. 亚里士多德：《尼各马可伦理学》，1155 页，b 小节第 21 行第 7 句。

6. 同上书，1155 页，a 小节第 10~15 行。

7. 同上书，1155 页，b 小节第 1~10 行。

8. 同上书，1156 页，a 小节第 6 行~b 小节第 10 行。

9. 同上书，1156 页，a 小节第 20~25 行。

10. 同上书，1156 页，b 小节第 1 行。

11. 同上书，1156 页，b 小节第 5~15 行。

12. 同上书，1156 页，a 小节第 35 行。

13. 同上书，1166 页，b 小节第 30 行以下。

14. 同上书，1166 页，a 小节第 31 行第 2 句。

15. 同上书，1166 页，a 小节第 12~20 行。

16. 同上书，1166 页，a 小节第 1~28 行。

17. 同上书，1094 页，b 小节第 7~10 行。

18. 同上书，1094 页，a 小节第 1~3 行。

19. 同上书，1098 页，a 小节第 16~17 行。

20. 这种三重意义上的区别引起人们对毕达哥拉斯很久之前曾经关于人群分为三种类型的主张的联想，三种类型的人分别是：参加游戏的人、观看游戏的人和立在戏台下做买卖的人，也就是擅长实际工作的人、耽于沉思冥想的人和看重实际功利的人。

第三章　西塞罗的"论友谊"：人之间的善意

1. 西塞罗："论友谊"，第 4 卷，18 页。

2. 福克纳：《西塞罗》，第 20 卷，收录在 Leob 古典文库，伦敦，106 页，1929。

3. 西塞罗："论友谊"，第 4 卷，15 页。

4. 同上书，第 4 卷，18 页。

5. 同上书，第 4 卷，19 页。

6. 同上书，第 4 卷，19~20 页。

7. 同上书，第 6 卷，20 页。

8. 同上书，第 6 卷，21 页。

9. 同上书，第 6 卷，22 页。

10. 同上书，第 6 卷，22 页。

11. 同上书，第 7 卷，23 页。

12. 同上书，第 7 卷，24 页。

13. 同上书，第 8 卷，26 页。

14. 同上书，第 8 卷，27 页。

15. 同上书，第 9 卷，30～31 页。

16. 同上书，第 9 卷，30 页，第 1 行。

17. 同上书，第 10 卷，35 页。

18. 福斯特：《为民主的两次欢呼》，78 页，伦敦，爱德华·阿诺德公司，1951。

19. 西塞罗："论友谊"，第 11 卷，37 页。西塞罗在此所描写的与其同时代人的生活情形与过往事件同样多：恺撒大帝非法篡夺罗马共和国政权事件就发生在不久之前，而且西塞罗从个人角度也为之遭受了巨大的痛苦。

20. 同上书，第 12 卷，40 页。

21. 同上书，第 13 卷，44 页。

22. 同上书，第 13 卷，45～46 页。

23. 同上书，第 13 卷，48 页。

24. 同上书，第 15 卷，52～53 页。

25. 同上书，第 16 卷，57 页。

26. 同上书，第 16 卷，58 页。

27. 同上书，第 16 卷，59 页。

28. 同上书，第 17 卷，61 页。

29. 同上书，第 18 卷，65 页。

30. 同上书，第 17 卷，63 页。

31. 同上书，第 17 卷，64 页。

32. 同上书，第 18 卷，66 页。

33. 同上书，第 22 卷，82 页。

34. 同上书，第 21 卷，80 页。

35. 普鲁塔克："论朋友的丰富性"，载《道德论》（上），施莱托译，伦敦，1898。这篇随笔文章被引用时更常冠名为"论朋友的多元性"（经常引用的人有蒙田和其他作家）。

36. 同上书，146 页。

37. 同上书，147 页。

38. 同上书，147 页。

39. 同上书，148 页。

40. 同上书，149 页。

41. 同上书，150 页。

42. 同上书，149 页。

43. 同上书，150 页。

44. 同上书，154 页。

第四章　基督教和友谊：爱你的敌人

1. 奥古斯丁：《忏悔录》，第 3 卷，56 页，第 7 行，皮塞·登特译，伦敦，1966。

2. 奥古斯丁：《神之城》，447 页，多兹、皮博迪译，美国马萨诸塞州，亨德里克森出版社，2009。

3. 奥古斯丁：《忏悔录》，第 7 卷。

4. 同上。

5. 同上书，第 4 卷，9 页。

6. 同上书，第 4 卷，13 页。

7. 同上书，第 4 卷，14 页。

8. 同上书，第 4 卷，20 页。

9. 同上书，第 4 卷，14 页。

10.《路加福音》,第10章,25~37页。

11.《阿贝拉和爱洛绮斯书信录》,伦敦,企鹅出版社,2004。观点、短语在书中处处可见。

12. 奥古斯丁:《给哲罗姆的信》,394页,英国国教会,网站http://www.newadvent.org/fathers/1102.htm。

13. 奥古斯丁:《布道》,16页。

14. 同上书,385页。

15. 奥古斯丁:《给哲罗姆的信》,130页。

16. 奥古斯丁:《忏悔录》,第19卷。

17. 同上书,第2卷,5页。

18. 同上书,第2卷,4页。

19. 奥古斯丁:《给哲罗姆的信》,258页。

20. 同上书,258页。

21. 同上书,192页。

22. 前文提及,64页。

23. 阿奎那:《神学总论》,第1~2卷,问题4。

24. 同上。

25. 同上书,第2~2卷,问题153~155。

26. 同上书,第2~2卷,问题170~171。

27. 同上书,第2卷,问题26。

28. 同上书,问题172。

29. 同上书,问题180。

30. 阿奎那:《关于爱》,7、9页。

31. 阿奎那:《神学总论》,第2卷,问题176。

32. 伯特兰·罗素：《西方哲学史》，463页，伦敦，1967。

33. 例如http：//www.fusion101.com/guide/christian-friendship.htm。

第五章　文艺复兴时期的友谊：最亲切的疗伤之药

1. 弗雷泽在其所著《金枝集》中写道，圣母玛利亚是被居住在黛米湖附近阿里西亚的人们虔诚崇拜的纯洁的女神戴安娜的继承人，因为这个神圣的地方供奉着女神戴安娜，早期的教堂要让女神戴安娜的追随者放弃原来的信仰就存在一些问题，因此便声称戴安娜的真名就叫玛利亚，等等。可参阅詹姆斯·弗雷泽爵士所著的《金枝集》，第16卷；同时还可以参阅"当然从艺术角度，女神伊西斯为婴儿期的荷鲁斯哺乳的画面与圣母玛利亚和孩子的画面是如此的相似，虽然后者有时受到无知愚昧的基督教信仰者们的崇拜和爱慕"；同上，第41卷。

2. 慕尼黑的古绘画陈列馆是集中展示中世纪基督教世界在带有威胁性和强制性意味的作品方面的卓越非凡的资源和知识宝库。

3. 乔万尼·薄伽丘：《十日谈》，约翰·佩尼译，502页，纽约，美国纽约州，兰登书屋。

4. 为这段评论言辞的辩解出现在本书的最后部分。

5. 克里斯托弗·马洛："文艺复兴时期英格兰的友谊"，载《指南针文学》，第一册，第一篇，2004（4）。

6. 关于这些原始资料，有极为详尽的调查过程。

7. 伊拉兹马斯：《对话集》，第2卷，1518页，《艾弗里努斯与约翰的对话》。

8. 所有文字都援引自香农所著的《至高无上的友好关系：莎士比亚语境中体现出的友谊画面》一书，3~4页。

9. 同上书，5~6页。

10. 同上书，7页。

11. 迄今为止翻译得最好的一部蒙田作品就是斯克里奇所译的这部《米歇尔·德·蒙田：随笔全集》（哈蒙兹沃思，企鹅经典出版社，1993）；它不仅是最好的译作，而且达到出神入化的地步。为了使读者更轻松容易地参考阅读，我在此引用的是非常准确到位的科恩翻译版本，这是其更早时候为企鹅经典出版社所译的版本：《米歇尔·德·蒙田随笔》（1958），这个版本是更多读者手头有的，就像是一本精选集。此外也为了读者更轻松、更容易地参考阅读，本书所选择引用的培根随笔也是网络上能免费查阅的版本，可通过以下网址查阅：http：//www.literaturepage.com/read/francis-bacon-essays-54.html。

12. 《蒙田随笔》，新编版，254页。

13. 同上书，253页。

14. 同上。

15. 同上书，254页。

16. 同上书，257页。

17. 同上。

18. 同上书，255页。

19. 同上书，257页。

20. 同上书，258页。

21. 同上书，261页。

22. 同上书，90页。

23. 同上书，97页。

24. 同上书，97～98页。

25. 同上书，97～99页。

26. 同上书，99页。

27. 同上书，92页。

28. 同上书，93页。

29. 同上。

30. 同上。

31. 同上书，94页。

32. 同上书，96页。

33. 弗朗西斯·培根：《随笔》，《哈佛经典丛书》，第3卷，54页，剑桥，美国马萨诸塞州，哈佛大学出版社，1910（14）。

34. 同上。

35. 同上书，55页。

36. 同上书，56页。

37. 同上书，57页。

38. 同上。

39. 同上书，58页。

40. 同上书，59页。

41. 同上。

第六章　从启蒙运动回到罗马共和国：相互平等的爱和尊重

1. 尽管死亡并非最坏的惩罚，但是从将异教徒、"女巫"和其他人深受其制约的可怕折磨搁置一旁的举动，可以断言教会的权力究竟还是能够防止人们永远进入天堂，采取的就是将他逐出教会的方式，因为"离开教堂就没有任何解救的方法"，被教堂拒之门外，剥夺其悔改和重新被接纳的机会，也就是永远与幸福无缘了。

2. 伊曼努尔·康德:《什么是启蒙运动?》,1784(在这篇文章原稿的最后康德署上了自己的名字,并且落款中还加上了"写于普鲁士的哥尼斯堡,1784年9月30日")。

3. 伊曼努尔·康德:《伦理学讲座》,参阅这部分内容的标准方式可通过一系列听讲座所记下的笔记;为对某些学者产生引导作用而提供的参考内容应该只有一点,而且全部来自于这段话,R15:321,柯林斯27:422。

4. 同上书,柯林斯27:422~423。

5. 同上书,R15:624。

6. 同上书,柯林斯27:424~425。

7. 同上书,柯林斯27:426。

8. 同上书,柯林斯27:427,将原文中的"我们"调整为"他"。

9. 同上书,维基兰提乌斯27:676。

10. 伊曼努尔·康德:《道德:形而上学》,帕顿译,伦敦,哈钦森学院出版社,1948。

11. 同上书,6:470。

12. 同上书,6:471。

13. 同上。

14. 伊曼努尔·康德的道德哲学观点发布在《道德:形而上学》(1785)、《实践理性批判》(1788)和《道德形而上学》(1796)中。

15. 大卫·休谟著,参阅《人性论》(1740)第二部《论激情》各处,以及《对道德原则的探索》(1751)中关于动机激励效果的怀疑论观点产生的源头来自皮罗怀疑主义的论点。

16. 这是康德的伦理学原则"绝对命令的宽松呈现",《道德:形而上学》,30页。

17. 参阅安东尼奥·达马西奥：《笛卡儿的错误：情感、理性和人类的头脑》，纽约，纽约州，Putnam's Sons 出版社，1994。

18. 杰出的埃米莉·沙特莱侯爵夫人是一位著名的数学家和物理学家，除了其享誉世界的将牛顿的代表作翻译成法文这一伟大的成就之外，她在自己的研究领域也颇有建树，她翻译的法文版迄今还被业内人士广泛使用。

19. 亚当·斯密，相关的文章包括《国富论》（1776）和《道德情操论》（1759）。

20. 亚当·斯密：《道德情操论》（1759），第6卷，12～13，222～223页。

21. 亚当·斯密：《国富论》，第1卷，第二分册，1，25页，1776。

22. 大卫·休谟：《关于道德、政治和文学的随笔》（1777）中的《论交易中的嫉妒》。

23. 参阅西尔弗："经济社会中的友谊：18世纪社会理论和现代社会学"，载《欧洲社会学杂志》（95），1474～1504页。

24. 亚当·斯密：《国富论》，芝加哥，伊利诺伊州，芝加哥大学出版社，747页，1777。

25. 亚当·斯密：《道德情操论》，第2卷，3页。

26. 大卫·休谟：《人性论》，1740。

27. 亨利·菲尔丁：《汤姆·琼斯》，242页。

28. 同上书，779页。

29. 威廉·哈兹里特：《时代精神的象征——威廉·葛德温》，1825。

30. 威廉·葛德温："人性的本质：本性、作品和发现以及点缀其间的某些关于作者的细节"，见《关于爱情和友谊的随笔15》，伦敦，1831，所有的参考文献均来源于阿德雷德大学提供的未编页电子书,澳大利亚,详见网址:http：//ebooks.adelaide.edu.zu/g/godwin/william/thoughts/chapter15.html。

31. 同上。

32. 同上。

33. 同上。

34. 同上。

35. 同上。

36. 同上。

37. 同上。

38. 同上。

39. 同上。

40. 对朋友未明确说明但永恒忠诚的作为伙伴主题前提的假设,是使得以下关于独行侠和通托的玩笑如此有趣的原因:两个人突然发现他们被怀有敌意的苏族或夏安族人包围时,独行侠说:"通托!我们被印度人包围了!"于是通托回答道:"我们,科莫萨比?"通托是一个印度人。

41. 此处的一些信息得益于拉蒙特·埃格勒的充满趣味的《密谋友谊:19世纪早期英国小说中的男性盟约》,美国密歇根大学博士论文专题,2009。如果没有他的引导,我或许不会进行这些方面的阅读。

42. 托马斯·休斯:《汤姆·布朗的学生时代》,182页,1857。

43. 托马斯·休斯:《汤姆·布朗在牛津》,73页,1861。

44. 引自奥尔顿:《维多利亚时代的浪漫友谊》,39页,奥尔德肖特,阿什盖特出版公司,2007。

45. 一些有关19世纪这个主题的摄影作品可以通过互联网浏览,见http：//artofmanliness.com/2008/08/24/the-history-and-nature-of man-frie

ndships/。

46. 司汤达所著《爱的财富》谈到了"萨尔斯堡树枝"（Salzburg bough），一种被垂直摆动着悬挂在盐矿中直到闪闪发光地缀满了水晶般透明结晶体的树枝，人们将之作为爱情的象征赠送给那些令他们醉心痴迷之人。人们这种行为的意图是在其他事物上覆盖一层闪耀着宝石光辉的装饰物来进行美化，只有当归于平静的婚床取代了喧嚣混乱的躺椅时，这种装饰物才因融化而消失（借用作品中帕特里克·坎贝尔所说的不朽名言）。

47. 自从爱德华·韦斯特马克的名著《人类婚姻史》（1903年版，书名中所使用的"人类"字眼总给人一种模糊不清、朦胧晦涩的意味），更为突出的是从离婚自由合法化以来，人类学意义上的反映婚姻生活的文学作品毫不例外地迅速呈几何级数般成长起来。其中的大部分作品或者用以劝诫世人，或者具有某种自助作用，但由于这个主题的复杂性和多样性，与之相关的广泛的研究和探讨相当少。对家庭生活的研究探讨所聚焦的主题更加宽广，对于人们理解作为社会生活基础和核心的婚姻契约之重要性具有更普遍的助益。

48. 在写这个作品之时，为争取同性婚姻合法化，而不仅是"社会伙伴"所进行的运动，在英、美两国已经全面展开，标志着其对融入社会常态一体化的强烈渴望。

第七章　文学中的友谊

1. 普鲁塔克告诉我们，在伯里克利的生活中，他每天离开家以及回到家中时都要和阿斯帕西娅亲吻，这种举动在当时的社会环境下被认为是破例的非常行为，因此值得载入史册。

2. 荷马：《伊利亚特》，第9卷。

3. 埃斯库罗斯的断简残篇，第135、136篇，柏拉图：《飨宴篇》，179页e小节～180页b小节。

4. 荷马：《伊利亚特》，第11卷。

5. 同上书，第15卷。

6. 同上书，第16卷。

7. 同上书，第17卷。

8. 同上。

9. 同上。

10. 同上。

11. 同上书，第18卷。

12. 同上。

13. 同上。

14. 同上。

15. 同上书，第22卷。

16. 同上书，第23卷。

17. 同上书，第24卷。

18. 《撒母耳记（上）》15。

19. 同上书，16。

20. 同上。

21. 同上书，18。笔者认为要么是扫罗王记性特别不好，要么是《圣经》编辑过程中频繁出现疏漏，依据就在于，这一章中扫罗王和大卫第一次相遇，尽管大卫在之前的章节中已经用其美妙的七弦竖琴令扫罗王的心灵感到无比宽慰。

22. 同上书，18。

23. 同上。

24. 同上书，19。

25. 同上书，20。

26. 同上。

27. 《撒母耳记（下）》1。

28. 在网络上浏览关于这些事件的传教士文学是有其教育意义的，见 http://pleaseconvinceme.com/2012/were-david-and-jonathan-homosexual-lovers/。

29. 参阅蔡尔兹（W. R. Childs）编辑的《爱德华二世简史》，牛津，牛津大学出版社，2005。

30. 霍夫登的罗杰：《年鉴》，莱利译，第2卷，63～64页，伦敦，1853。

31. 同上书，356页。

32. 《路得记》1：8～9。

33. 同上，1：16～17。

34. 参阅布伦纳编辑的《路得和以斯帖：〈圣经〉故事中的女性伴侣》，谢菲尔德，谢菲尔德大学出版社，1999；库根著，《〈圣经旧约〉简介》，牛津，牛津大学出版社，2009。

35. 参见《创世记》2：24和《路得记》1：14。这个观点已经作为男女同性恋者为平等的婚姻权利而抗争时的理论依据，可以参考网络上某些观点：http://www.wouldfesusdiscriminate.org/biglical_evidence/ruth_naomi.html。

36. 荷马著，《伊利亚特》，第4卷。

37. 忒弥修斯著，《私人公开演说》，佩内利亚和贝克莱译，95页，加利福尼亚州，加利福尼亚大学出版社，2000。

38. 同上书，89～90页。

39. 同上书，91~93 页。

40. 同上书，93~94 页。

41. 同上书，94 页。

42. 同上书，95 页。

43. 同上书，97~99 页。

44. 同上书，99~100 页。

45. 维吉尔：《埃涅阿斯纪》，第 9 卷。

46. 同上。

47. 同上。

48. 同上。

49. 同上书，第 5 卷。

50. 卢西恩：《爱的艺术》，贝利斯译。

51. 同上，风格上稍作修改。

52. 斯蒂芬·盖-布雷：《用诗书写的爱：如同好色之徒般的诗意影响》，多伦多，多伦多大学出版社，51 页，2006。

53. 参阅詹姆斯·刘易斯·托马斯·查尔默斯·斯宾塞所编的《中世纪浪漫作者字典》的条目，伦敦，George Routledge & Sons 出版社，1913。

54. 盖-布雷：《用诗书写的爱》。

55. "忠告之书"，选自《嘉言集》，埃德温·阿诺德·史密斯译，伦敦，埃尔德出版公司，1861，《秃鹰、猫和鸟的故事》。

56. 若要了解对其如何起作用的描写叙述，可参阅波士顿美术馆的红彩陶器图片，展现了大约公元前 480 年泽菲罗斯和雅辛托斯的风采，见 http：//www.theoi.com/Gallery/T29.1.html。

57. 《创世记》38：9~10。

58.《利未记》20：13。

59. 亚当·席丝曼：《友谊：华兹华斯和柯勒律治》，伦敦，哈珀出版社，2006。

60. 大卫、博丹尼斯：《热情的头脑：伟大的启蒙运动时期的爱情故事》，伦敦，小布朗出版社，2006。

61. 罗伯特·西尔弗斯和芭芭拉·爱泼斯坦共同编辑，《他们日久岁深的陪伴：作家们令人难以忘怀的友谊》，纽约，纽约州，纽约书评杂志，2011。

62. 里克斯：《丁尼生》，伦敦，麦克米伦出版社，1972。

第九章　友谊的考验

1. 安东尼·普赖斯借用亚里士多德的评论展示了他和自己的双胞胎兄弟之间的关系，参阅《柏拉图和亚里士多德的爱情和友谊》，致谢，牛津，克拉伦登出版社，1994。

第十章　"我们只是好朋友"

1.《路加福音》10：25～37。

2. 某些历史对比是严酷可怖的，公开的裸体像或者暴露生殖器官往往被认为是"粗鄙猥亵的行为"。远古时代男孩和女孩在体育馆里裸露着身体共同练习，"gymnos"就意味着"裸露"。在英格兰展示一具勃起的男性阴茎图像依然是违法行为。在古罗马表现男性勃起阴茎的雕塑作品几乎安放在每一个门口，并作为护身符佩戴在姑娘们的手臂上，以避开恶魔的眼睛，这些都是与风俗习惯和时间有关的现象。

3. 这些故事分别来源于里奇马尔·康普顿的《淘气小威廉》和《著名的五个伊妮德·布莱顿》。

参考文献

Annas, J., 1977, 'Plato and Aristotle on Friendship and Altruism', *Mind*, 86: 532–54.
——, 1988, 'Self-Love in Aristotle', *Southern Journal of Philosophy*, Supp.7: 1–18.
Annis, D. B., 1987, 'The Meaning, Value, and Duties of Friendship', *American Philosophical Quarterly*, 24: 349–56.
Badhwar, N. K., 1987, 'Friends as Ends in Themselves', *Philosophy & Phenomenological Research*, 48: 1–23.
——, 1991, 'Why It Is Wrong to Be Always Guided by the Best: Consequentialism and Friendship', *Ethics*, 101: 483–504.
——, (ed.), 1993, *Friendship: A Philosophical Reader*, Ithaca, NY: Cornell University Press.
——, 2003, 'Love', in H. LaFollette (ed.), *Practical Ethics*, Oxford: Oxford University Press, 42–69.
Bech, Henning, 1997, *When Men Meet: Homosexuality and Modernity*, Chicago: Chicago University Press.
Bernstein, M., 2007, 'Friends without Favoritism', *Journal of Value Inquiry*, 41: 59–76.
Blum, L. A., 1980, *Friendship, Altruism, and Morality*, London: Routledge & Kegan Paul.
——, 1993, 'Friendship as a Moral Phenomenon', in Badhwar (1993), 192–210.
Bratman, M. E., 1999, *Faces of Intention: Selected Essays on Intention*

and Agency, Cambridge: Cambridge University Press.

Brink, D. O., 1999, 'Eudaimonism, Love and Friendship, and Political Community', *Social Philosophy & Policy*, 16: 252–89.

Card, R. F., 2004, 'Consequentialism, Teleology, and the New Friendship Critique', *Pacific Philosophical Quarterly*, 85: 149–72.

Chaplin, Gregory, 2001, 'One Flesh One Heart One Soul: Renaissance Friendship and Miltonic Marriage' in *Modern Philology*, Chicago: Chicago University Press.

Cocking, D. and Kennett, J., 1998, 'Friendship and the Self', *Ethics*, 108: 502–27.

——, 2000, 'Friendship and Moral Danger', *Journal of Philosophy*, 97: 278–96.

——, and Oakley, J., 1995, 'Indirect Consequentialism, Friendship, and the Problem of Alienation', *Ethics*, 106: 86–111.

Conee, E., 2001, 'Friendship and Consequentialism', *Australasian Journal of Philosophy*, 79: 161–79.

Conger, John Janeway and Galambos, Nancy (1996), *Adolescence and Youth: Psychological Development in a Changing World*, London: Longman.

Cooper, J. M., 1977a, 'Aristotle on the Forms of Friendship', *Review of Metaphysics*, 30: 619–48.

——, 1977b, 'Friendship and the Good in Aristotle', *Philosophical Review*, 86: 290–315.

Friedman, M. A., 1989, 'Friendship and Moral Growth', *Journal of Value Inquiry*, 23: 3–13.

——, 1993, *What Are Friends For? Feminist Perspectives on Personal Relationships and Moral Theory*, Ithaca, NY: Cornell University Press.

——, 1998, 'Romantic Love and Personal Autonomy', *Midwest Studies in Philosophy*, 22: 162–81.

Gilbert, M., 1996, *Living Together: Rationality, Sociality, and Obligation*, Lanham, MD: Rowman & Littlefield.

——, 2000, *Sociality and Responsibility: New Essays in Plural Subject Theory*, Lanham, MD: Rowman & Littlefield.

——, 2006, *A Theory of Political Obligation: Membership, Commitment, and the Bonds of Society*, Oxford: Oxford University

Press.
Grunebaum, J. O., 2005, 'Fair-Weather Friendships', *Journal of Value Inquiry*, 39: 203–14.
Helm, B., 2008, 'Plural Agents', *Noûs*, 42: 17–49.
Heyking, John von and Avramenko, Richard, 2008, *Friendship and Politics: Essays in Political Thought*, Notre Dame, IN: Notre Dame University Press.
Hoffman, E., 1997, 'Love as a Kind of Friendship', in *Sex, Love, and Friendship: Studies of the Society for the Philosophy of Sex and Love 1977–92*, Amsterdam: Rodopi, 109–19.
Hurka, T., 2006, 'Value and Friendship: A More Subtle View', *Utilitas*, 18: 232–42.
Jeske, D., 1997, 'Friendship, Virtue, and Impartiality', *Philosophy & Phenomenological Research*, 57: 51–72.
——, 2008, 'Friendship and the Grounds of Reasons', *Les Ateliers de l'Ethique*, 3: 61–9.
Kalmijn, Matthijs, 2002, 'Sex Segregation of Friendship Networks: Individual and Structural Determinants of Having Cross-Sex Friends', *European Sociological Review*, 18, 1 (March): 101–17.
Keller, S., 2000, 'How Do I Love Thee? Let Me Count the Properties', *American Philosophical Quarterly*, 37: 163–73.
Kent, Dale V., *Friendship, Love and Trust in Renaissance Florence*, Cambridge MA: Harvard University Press.
Lewis, C. S., 1974, *The Four Loves*, London: Collins.
Lynch, S., 2005, *Philosophy and Friendship*, Edinburgh: Edinburgh University Press.
Marlow, Christopher, 'Friendship in Renaissance England' (2003–4) *Literature Compass* 1, 1.
Mason, E., 1998, 'Can an Indirect Consequentialist Be a Real Friend?', *Ethics*, 108: 386–93.
Millgram, E., 1987, 'Aristotle on Making Other Selves', *Canadian Journal of Philosophy*, 17: 361–76.
Muraco, Anna, 2005, 'Heterosexual Evaluations of Hypothetical Friendship Behavior Based on Sex and Sexual Orientation', *Journal of Social and Personal Relationships*, 22, 5 (Oct.): 587–605.
Norton, Rictor (2008) 'Faithful Friend and Doting Lover', *The*

Homosexual Pastoral Tradition <http://rictornorton.co.uk/pastor07.htm>

Nozick, R., 1989, 'Love's Bond', in *The Examined Life: Philosophical Meditations*, New York: Simon & Schuster, 68–86.

Price, A. W., 1994, *Love and Friendship in Plato and Aristotle*, Oxford: Clarendon Press.

Railton, P., 1984, 'Alienation, Consequentialism, and the Demands of Morality', *Philosophy & Public Affairs*, 13: 134–71.

Reeder, Heidi M., 2003, 'The Effect of Gender Role Orientation on Same and Cross-Sex Friendship Formation', *Sex Roles: A Journal of Research*, 49, 3–4, (Aug.): 143–52.

Rorty, A. O., 1986/1993, 'The Historicity of Psychological Attitudes: Love Is Not Love Which Alters Not When It Alteration Finds', in Badhwar (1993), 73–88.

Sadler, B., 2006, 'Love, Friendship, Morality', *Philosophical Forum*, 37: 243–63.

Scanlon, T. M., 1998, *What We Owe to Each Other*, Cambridge, MA: Harvard University Press.

Schoeman, F., 1985, 'Aristotle on the Good of Friendship', *Australasian Journal of Philosophy*, 63: 269–82.

Searle, J. R., 1990, 'Collective Intentions and Actions', in P. R. Cohen, M. E. Pollack and J. L. Morgan (eds), *Intentions in Communication*, Cambridge, MA: MIT Press, 401–15.

Shannon, Laurie, 2002, *Sovereign Amity: Figures of Friendship in Shakespearean Contexts*, Chicago: Chicago University Press.

Sherman, N., 1987, 'Aristotle on Friendship and the Shared Life', *Philosophy & Phenomenological Research*, 47: 589–613.

Stocker, M., 1976, 'The Schizophrenia of Modern Ethical Theories', *Journal of Philosophy*, 73: 453–66.

——, 1981, 'Values and Purposes: The Limits of Teleology and the Ends of Friendship', *Journal of Philosophy*, 78: 747–65.

Taylor, G., 1985, *Pride, Shame, and Guilt: Emotions of Self-Assessment*, Oxford: Oxford University Press.

Tedesco, M., 2006, 'Indirect Consequentialism, Suboptimality, and Friendship', *Pacific Philosophical Quarterly*, 87: 567–77.

Telfer, E., 1970–71, 'Friendship', *Proceedings of the Aristotelian Society*, 71: 223–41.
Thomas, L., 1987, 'Friendship', *Synthese*, 72: 217–36.
——, 1989, 'Friends and Lovers', in G. Graham and H. LaFollette (eds), *Person to Person*, Philadelphia, PA: Temple University Press, 182–98.
——, 1993, 'Friendship and Other Loves', in Badhwar (1993), 48–64.
Tuomela, R., 1995, *The Importance of Us: A Philosophical Study of Basic Social Notions*, Stanford, CA: Stanford University Press.
——, 2007, *The Philosophy of Sociality: The Shared Point of View*, Oxford: Oxford University Press.
Velleman, J. David, 1999, 'Love as a Moral Emotion', *Ethics*, 109: 338–74.
White, R. J., 1999a, 'Friendship: Ancient and Modern', *International Philosophical Quarterly*, 39: 19–34.
——, 1999b, 'Friendship and Commitment', *Journal of Value Inquiry*, 33: 79–88.
——, 2001, *Love's Philosophy*, Lanham, MD: Rowman & Littlefield.
Whiting, J. E., 1986, 'Friends and Future Selves', *Philosophical Review*, 95: 547–80.
——, 1991, 'Impersonal Friends', *Monist*, 74: 3–29.
Wilcox, W. H., 1987, 'Egoists, Consequentialists, and Their Friends', *Philosophy & Public Affairs*, 16: 73–84.
Williams, B., 1981, 'Persons, Character, and Morality', in *Moral Luck*, Cambridge: Cambridge University Press, 1–19.

索 引

阿贝拉和爱洛漪丝：第 65 页

论朋友的丰富性：第 57～60 页，第 143 页

阿喀琉斯和普特洛克勒斯：第 27、111、123、124～132、142、154 页

熟人关系和平淡友谊：第 103～105 页

  蒙田关于熟人关系的随笔：第 82、83 页

应激行为和情绪：第 100、108 页

建议和劝诫：第 50、88、92～93、128、178 页

艾尔雷得：第 8、9 页

埃斯基涅斯：《提马克斯》第 124、125 页

埃斯库罗斯：第 14 页

  《密耳弥冬》：第 124、125 页

  《奥瑞斯提亚》三部曲：第 147 页

情感：第 45、46、51、56～57、173 页

  朋友多元化的稀释：第 58 页

  也可参阅"爱和友谊"

无条件的爱（基督教之爱）：第188～189页

 大众之爱和平淡友谊：第105页

 以及朋友之间的爱：第8～9、62、71～72，173页

 以及仇敌之间的爱：第72页

年龄

 以及爱和友谊的强烈程度：第165、166页

 以及娈童恋角色：第124～125、153～154页

恩兹韦斯，威廉·哈里森，《杰克·雪柏德》：第113页

阿利比乌斯：第65页

米兰主教安布罗斯：第65页

艾米丝和埃米莱恩：第147、150～151页

古希腊和古罗马参阅"古代经典"

另一个自我：第182～184页

 亚里士多德的声明：第34～35、40～41、54，58，73页

 奥古斯丁：第65页

 培根论不足：第93～94页

 西塞罗论"第二个自我"：第47、54页

 孟子与东方思想：第170页

 蒙田：第82、87、90、182页

 作为文艺复兴的寓意：第78、79～81页

 也可参阅"相似性和同质性"

无欲无求的心境和斯多噶派：第7页

阿奎那，托马斯，第8、9、69～73、74～75页

 《神学总论》，第70页

亚里士多德：第 14、43、99、177、186、201～202 页

  友谊的种类：第 33、70～71 页

  "中庸之道"和友谊：第 181 页

  《尼各马可伦理学》：第 6、11、20、25、31～41、42～43、79 页

  《劝勉篇：哲学》：第 61 页

  社会和友谊：第 31～32、36～37、40、88 页

  美德和真正意义上的友谊：第 33～34、35、36～38、72 页

  以及伏尔泰的观点：第 102～103 页

  也可参阅"另一个自我"

艺术类

  中世纪时期的宗教艺术：第 77 页

  文艺复兴时期人性的解放：第 77 页

伯里克利和阿斯帕西娅，第 123～124 页

心神安宁（平和宁静，内心安静）：第 6～7、51 页

希波的奥古斯丁：第 8～9、74～75、94 页

  《忏悔录》：第 61～69、73 页

奥斯丁，简：第 117～119、155 页

友谊自主权：第 182～183 页

培根，弗朗西斯：第 10 页

  "论友谊"：第 81～82、91～94 页

坏朋友：第 58～59、81、180～181 页

  也可参阅"错误的友谊"

巴内斯，朱娜：第 161 页

柏拉图所著的《飨宴篇》中关于美和爱：第 27、28 页

贝尔，克里弗：第 161 页

贝尔，万尼莎：第 161 页

贝娄，索尔：第 159 页

仁慈可参阅"慷慨"、"善意和友谊"以及"相互利益"

"最佳"朋友

    蒙田所提出的特别友谊：第 82、87~88、90~91 页

    普鲁塔克：第 58 页

圣经

    大卫和乔纳森：第 123、132~138 页

    路得与拿俄米：第 138~140 页

    性行为禁令：第 156 页

布鲁姆斯伯里：第 161 页

寄宿学校和"罪恶"的男性友谊：第 114~116 页

薄伽丘，乔万尼：第 10 页

    《十日谈》：第 77~78 页

"忠告之书"（印度文）：第 152 页

鲍斯韦尔：第 162~163 页

布莱梅，托马斯，《友谊的镜子》：第 80 页

布里顿，维拉，《友谊的誓约》：第 12~13 页

布朗特，夏洛蒂：第 13 页

勃朗特姐妹：第 117 页

巴肯，约翰：第 113 页

鲍沃尔-利顿，爱德华，《保罗·克利福德》：第 133 页

关注：友谊和自由：从第 50~51 开始

相互关怀和女性哲学：第 11～12 页

慈善参阅"无条件的爱（基督教之爱）"

沙特莱侯爵夫人，艾米丽：第 101～102、158～159 页

契弗，约翰：第 160 页

孩提时期的友谊：第 195～197、202 页

选择朋友

  西塞罗的建议：第 52～53 页

  普鲁塔克的建议：第 58～60 页

  斯密论摆脱传统束缚：第 104 页

  忒弥修斯的建议：第 142～143 页

基督教思想：第 8～9、40、61～75、180 页

  也可参阅"圣经"

丘奇亚德，托马斯，《友谊的火花和温暖的善意》：第 80 页

西塞罗

  启蒙运动崇拜者：第 102、105 页

  《荷尔顿西乌斯》：第 61～62 页

  "论友谊"：第 42～57、75 页

古代经典：第 5～9 页

  阿喀琉斯和普特洛克勒斯：第 27、111、123、124～132、142、154 页

  狄俄墨得斯和斯特涅罗斯：第 140～144 页

  和启蒙运动思想：第 102～103，105 页

  同性之爱：第 3、5、20～21、27～30、124～126 页

  以及友谊中的不平等：第 109～110、126～127 页

尼索斯和欧律阿罗斯：第144～147页

作为19世纪典范的罗马共和国：第111～117页

以及和朋友分享：第178页

爱的类型：第108页

也可参阅"亚里士多德"、"西塞罗"、"柏拉图"和"普鲁塔克"

柯勒律治，塞缪尔·泰勒和华兹华斯：第157～158页

安慰：第177页

商业社会和友谊：第103～105页

共性特点参阅"相似性和同质性"

持久性：第52、53、59、116～117页

参阅"忠诚"

陷入沉思的哲学生活：第38、39～40页

朋友之间的交流

培根的智慧从第92页开始

蒙田的论点：第84页

平淡友谊和商业社会：第103～105页

也可参阅"熟人关系"

世界主义者和平淡友谊：第103～105页

"牛仔"小说：第113页

克拉福特，罗伯特：第161页

创造性：朋友间的相互支持和激励：第161～166页

跨性别友谊：第101～102、123～124、158～159、173～174、190～194页

克洛泽，普鲁登斯：第160页

但丁：第 49 页

大卫和乔纳森：第 123、132~138 页

德拉博埃蒂，埃蒂安：第 11、82、83、85~87、90、151 页

 "论自愿的奴役"（"抗议"）：第 85~86 页

死亡可参阅"失去朋友"

渴望

 柏拉图所著的《飨宴篇》中关于友谊和爱：第 26~27、28~29 页

 性和同性友谊：第 101~102、123~124、173~174、179、190~194 页

 也可参阅"历史上的同性之爱"

戴安娜：圣母玛利亚的继承者：第 206~207（注释）页

狄更斯：第 113、117 页

狄德罗：第 95 页

狄俄墨得斯和斯特涅罗斯：第 140~144 页

迪斯雷利，《康宁丝比》：第 113 页

离异：第 2 页

多克，沃尔特，《友谊的类型和景象》：第 80 页

友谊的持久性：第 157~158 页

责任和康德论友谊的限制：第 99~100、101 页

教育

 寄宿学校和"罪恶"的男性友谊：第 114~116 页

 帝国和传统角色模式：第 112~117 页

英格兰国王爱德华二世：第 137 页

伊根，皮尔斯，《伦敦生活》系列小说：第 113 页

爱因斯坦，阿尔伯特：第160页

艾略特，乔治：第117、162页

埃利奥特，托马斯，《统治者之书》：第80页

情绪和影集行为：第3～5、100、108页

  培根论友谊的果实：第91～92页

  西塞罗论情感和友谊：第46、51、56～57页

  以及休谟的哲学：第100～101页

  康德的目标：第10、99～100、101页

  生活的角色和理性：第101页

  斯多噶派学者和理性：第7～8页

  也可参阅"情感"、"爱和友谊"

帝国和传统角色模式：第111～117页

实证主义：第95～96页

友谊的终止：第157～159、179、197页

  也可参阅"失去朋友"

仇敌和基督教教条：第68～69、72页

文艺复兴时期的友谊：第95～119页

伊壁鸠鲁派学者：第6～7页

伊壁鸠鲁：第7页

爱泼斯坦，芭芭拉：第159页

爱泼斯坦，贾森：第160页

朋友之间的平等：第53、98～99页

  古代经典和朋友之间的不平等性：第109～110、126～127、132页

  友谊和神之间存在的问题：第9、70页

友谊之中的不平等的价值和特性：第 51～52、99、107、108～111 页

　　也可参阅"相互利益"、"功利主义"

伊拉兹马斯：第 42、79～80 页

性欲吸引参阅"渴望"

历史上的同性性爱、性行为

伦理和友谊：第 96～101、187～188、192 页

客观满意的生活和亚里士多德主义哲学：第 6、36～38、39～40 页

情绪反应和斯多噶派：第 7～8 页

欧里庇得斯：第 147～148 页

欧律阿罗斯和尼索斯：第 144～147、183 页

卓越性和真正意义上的友谊：第 33～34、36、37 页

经历

　　以及朋友的选择：第 53 页

　　也可参阅"客观经历"

Facebook 和朋友的多元化：第 57～60 页

福克纳：第 44 页

与朋友发生的纠纷：第 157～159、179 页

错误的友谊：第 4、36、66、176～177 页

　　《雅典的泰门》中失败的友谊：第 81、180～181 页

　　也可参阅"坏朋友"

家庭关系：第 14、36、46、88～89 页

　　葛德温论父母之爱：第 108 页

　　田园诗歌般社会的重要性：第 103、104 页

亲子关系：第1、12、88、80、100、108、192页

妇女的生活和友谊：第13页

法尼乌斯，盖乌斯：第44页

女性哲学和相互关怀：第11～12页

菲尔丁，亨利，《汤姆·琼斯》：第106页

宽恕：第56页

友谊的结构特性：170～171页

福斯特：第49页

坦率：第50、53页

 也可参阅"建议和劝诫"

弗雷泽，《金枝集》：第206～207（注释）页

启蒙运动时期的思想自由：第96～97页

作为演讲中术语的"朋友"：第200～201页

弗莱，罗杰：第161页

盖斯凯尔夫人：117页

 《夏洛蒂·勃朗特传》：第13页

加维斯顿，皮尔斯：第137页

性别差异

 以及葛德温论平等：第110页

 以及男性友谊中的同性情欲因素：第152～153页

 蒙田论友谊和性：第89页

 陈规陋习：第14、153、154～155页

 也可参阅"女性之间的友谊"

讣告形式的回忆录所表现出的慷慨：第160～161页

神

　　阿奎那以及和神之间的友谊：第69～70、72页

　　友谊和爱：第8～9、64～65、65～67页

　　《圣经旧约》中的神灵：第133页

葛德温：第106～111页

　　《论友谊和爱》：第107～111、132页

戈德史密斯，奥利弗：第5页

歌利亚：第133～134页

传统经典的美好生活：第6～7、185～186页

　　客观满意的生活和亚里士多德主义哲学：第6、36～38、39～40页

柏拉图所著的《飨宴篇》中关于美好和性爱：第28～29页

　　柏拉图所著的《吕西斯篇》中关于友谊的好处：第24～25页

古德曼，保罗：第161页

好处也可参阅"美德和友谊"

善意和友谊

　　亚里士多德的观点作为组成部分：第33、34页

　　西塞罗的观点：第45、46～47、48、51、54～55、56～57页

　　菲尔丁对热心肠的尊重：第106页

　　康德论不平等善意的价值：第99页

希腊人参见亚里士多德、古典传统、柏拉图

悲伤参阅"失去朋友"

格里马第，尼古拉：第80页

朋友群：第161～162页

盖-布雷，斯蒂芬：第150～151页

哈勒姆，亚瑟·亨利：第163～166页

赫兹里特，威廉：第81、107页

爱洛漪丝和阿贝拉：第65页

亨提：第113页

荷马，《伊利亚特》：第124～132、140～141、142页

历史上的同性之爱：第3、5页

  阿喀琉斯和普特洛克勒斯：第124～125、154页

  年龄和娈童恋角色：第124～125、152～154页

  大卫和乔纳森：第123、138、147、152～157、165页

  作为友谊中的因素：123、138、147、152～157、165页

  蒙田论友谊：第89页

  19世纪小说和善良的男性友谊：第114～116页

  尼索斯和欧律阿罗斯：第144～145、146～147页

  俄瑞斯忒斯和皮拉德斯：第149页

  以及柏拉图所著《飨宴篇》：第20～21、27～30页

  充满敌意社会中的压抑：第156～157页

对朋友的忠诚和信用：第49～50、52、55、180页

休斯，托马斯，"汤姆·布朗"系列小说：第113、115～116页

胡格诺派教徒和宗教冲突：第85～86页

人道主义以及启蒙运动关于友谊的观点：第105～106页

  以及文艺复兴时期的思想：第78、83页

休谟，大卫：第42、95、100～101、103～104、105、162页

痴迷：第118～119、173页

工具主义：第7、24、25、39、187、201页

以及错误的友谊：第 3~4、36、66、176~177 页

　　以及普鲁塔克的建议：第 58、59 页

　　也可参阅"功利主义"

智力练习

　　蒙田论朋友之间的交流：第 84 页

　　伏尔泰和埃米莉·沙特莱侯爵夫人：第 101~102、158~159 页

　　华兹华斯和柯勒律治：第 157~158 页

亲密

　　康德的局限：第 99~100 页

　　以及妇女的友谊：第 14 页

伊菲姬妮亚：第 147~149 页

非理性：第 182 页

约翰逊博士：第 162~163 页

大卫和乔纳森：第 123、134~138 页

对他人的公正和不同形式的关注：第 11 页

康德：第 10、95、96~100、101、103、177 页

　　《道德：形而上学》：第 99~100 页

维持友谊：忒弥修斯的建议：第 143~144 页

凯恩斯，约翰·梅纳德：第 161 页

亲戚可参阅"家庭关系"

克劳泽，恩里克：第 160 页

莱伊利乌斯，盖乌斯，在西塞罗所著的"论友谊"一文中：第 44~57 页

　　路易斯，G. H.：第 162 页

相似性和同质性

 奥古斯丁：第 63～64 页

 西塞罗：第 46、53、54 页

 伊拉兹马斯：第 80 页

 蒙田：第 86～87 页

 柏拉图：第 23～24、25～26 页

 也可参阅"另一个自我"

相似

 孩提时期的友谊：第 195～197 页

 自然习性：第 5、80、87、136 页

 理性：第 4～5、26 页

文学作品和其对友谊的分析：第 14 页

孤独：培根的观点：91、92 页

失去朋友：第 2 页

 阿喀琉斯和普特洛克勒斯：第 129～132 页

 奥古斯丁的观点：第 63、64 页

 作为友谊结局的悲伤：第 179 页

 莱伊利乌斯失去西庇阿·阿美伊利亚奴斯：第 45 页

 蒙田的"论友谊"：第 5、11、82 页

 讣告形式的叙述和回忆录：第 159～161 页

 主观经历：第 197～198 页

 丁尼生的组诗《纪念 A. H. H.》：第 163～166 页

 也可参阅"与朋友发生的纠纷"

爱和友谊：第 2、5、48、172～173 页

阿奎那的剖析：第 70～71 页

　　奥斯丁将婚姻看作友谊的观点：第 118～119 页

　　葛德温的观点：第 107～108 页

　　康德的局限：第 99 页

　　以及柏拉图的《飨宴篇》和《吕西斯篇》：第 20～21、26～30 页

　　丁尼生的组诗《纪念 A. H. H.》所表达的爱和失落：第 163～166 页

　　也可参阅"情感"、"历史上的同性之爱"、"婚姻和友谊"

洛威尔，罗伯特：第 160 页

忠诚：第 52、116～117 页

　　以及信誉：第 49～50、52、55、180 页

卢西恩：第 149 页

男性友谊：

　　行为基础：第 14、153、154～155 页

　　古代经典：第 6、109～110 页

　　以及 19 世纪流行小说：第 112～113 页

　　也可参阅"历史上的同性之爱"

中世纪绘画艺术中的圣母肖像：第 77 页

马洛，克里斯托弗：第 79 页：

婚姻和友谊

　　奥斯丁的观点：第 118～119 页

　　挑战：第 119、191～192 页

　　与其他的夫妻分享经历：第 198～199 页

中世纪时期

艺术和生活中体现出晦暗悲观：第76～77页

　　　艾米丝和埃米莱恩故事中同性情欲的弦外之音：第150～151页

孟子：第170页

两个自我的产生：第11页

　　　也可参阅"另一个自我"

军队和传统角色模式：第111～112页

友谊中的沉思：第181页

《摩登家庭》（电视情景喜剧）：第153页

现代社会和影响：第2～3页

现代情境：第9～10页

蒙田：第81～91、151、182页

　　　"论友谊"：第5、10、11、81～82、85～91页

　　　"论关系的三种形式"：第82～85页

摩尔，乔治·爱德华：第161页

道德

　　　休谟论人的自然天性和道德：第100～101页

　　　以及康德式的友谊：第10、97～98、99～100页

　　　传统束缚和道德行为：第104～105页

强健派基督教：第115页

相互利益：第3～4、25、35、36、39、48、177、187、188页

　　　相互关心关系中的不平等：第11～12页

　　　以及康德的理念：第97～98页

　　　以及对神的敬爱：第9、70页

　　　友谊之中的不平等的价值和特性：第51～52、99、107、108～

111 页

也可参阅"朋友之间的平等"、"互惠原则"、"功利主义"

相互尊重：第 8、35、53、99～100 页

拿俄米和路得：第 138～140 页

自然习性：第 136 页

伊拉兹马斯的观点：第 80 页

蒙田的观点：第 5、87 页

尼布里迪乌斯：第 65 页

尼采：第 10 页

尼索斯和欧律阿罗斯：第 144～147、183 页

"没有真正的苏格兰人"的悖论：第 55 页

朋友的数量

普鲁塔克的观点：第 57～60 页

忒弥修斯的观点：第 143 页

讣告形式的叙述和回忆录：第 159～161 页

奥本海默，罗伯特：第 160 页

对立面：友谊的相互吸引和互补性：第 25、28、32、143 页

友谊的互补性特点：第 10 页

俄瑞斯忒斯和皮拉德斯：第 147～149 页

古希腊时期的娈童恋习俗：第 124～126 页

角色的年龄和定义：第 124～125、153～154 页

成双成对的朋友：第 57～58 页

亲子关系：第 1、12、88、90、100、172 页

葛德温论父母之爱：第 108 页

爱国主义以及对朋友的忠诚：第49～50页

  以及19世纪经典角色模式：第112页

普特洛克勒斯可参阅"阿喀琉斯和普特洛克勒斯"

帕斯，奥克塔维奥：第160页

佩雷尔曼：第160页

伯里克利和阿斯帕西娅：第123～124页

彼德拉克：第76页

友情

  以及柏拉图所著的《吕西斯篇》中的友谊：第31页

  亚里士多德所著的《尼各马可伦理学》中的可爱之处：第31、32～33页

菲利普二世，法国国王：第137页

哲学思考：第38、39～40页

哲学和友谊：第5页

摄影：男性朋友的态度：第116页

品克尼，达里尔：第160～161页

柏拉图：第14、19～30、40、43、83、115页

  《吕西斯篇》：第6、9、19～27、79页

  《飨宴篇》：第6、9、20～21、26～30、124、125页

"柏拉图之恋"：第29～30页

愉悦和友谊：第33、36、58、59页

朋友的多元化：第57～60、143页

普鲁塔克：第62、83页

《道德随笔》：第57～60页

政治

    亚里士多德论社会和友谊：第 31～32、36～37、40、88 页

波利比乌斯：第 45 页

庞德，埃兹拉：第 162 页

俄瑞斯忒斯和皮拉德斯：第 147～149 页

毕达哥拉斯：第 204（注释）页

朋友所需的品质

西塞罗的观点：第 53 页

理性：第 181～182 页

    以及亚里士多德崇尚的有德行的生活：第 37～38 页

    以及启蒙运动时期的实证主义：第 95～96 页

    以及启蒙运动时期的伦理：第 10、100～101 页

    情绪反应和斯多噶派：第 7～8 页

    对爱的敌意：第 107～108 页

    工具主义和错误的友谊：第 3～4 页

互惠原则：第 36、81、98 页

    以及亲子关系：第 88、172 页

    以及对神之敬爱：第 9、70 页

    友谊的先决条件：第 151、172 页

    也可参阅"朋友之间的平等"、"相互利益"

中世纪时期的宗教艺术：第 77 页

宗教信仰

    对同性恋的态度：第 155 页

    与文艺复兴时期的冲突：第 85～86 页

以及友谊：第 67~68 页

也可参阅"基督教思想"

文艺复兴时期：第 9~10、76~94 页

尊重

自我尊重：第 73 页

也可参阅"相互尊重"

理查德一世，英国国王：第 137 页

历史学家罗杰：第 137 页

浪漫主义：第 106~107 页

罗马可参阅"西塞罗"、"古代经典"

罗素，伯特兰：第 73 页

路得和拿俄米：第 138~140 页

扫罗王：第 133、134~135 页

斯凯沃拉，昆图斯·穆齐：第 44~45 页

科学：启蒙运动的应用：第 95~96 页

西庇阿·阿美伊利亚奴斯：第 44~45 页

第二个自我可参阅"另一个自我"

自我利益和友谊：第 10、180、183~184 页

自爱

相互利益和康德的理念：第 97~98 页

以及将朋友看成自我的处理方式：第 54、73、183~184 页

以及美德：第 6、35、73 页

自我尊重：第 73 页

品德优秀人群的自给自足：第 24~25、70 页

性

 以及男女之间的友谊：第 101～102、123～124、173～174、179、190～194 页

 也可参阅"历史上的同性之爱"

莎士比亚：《雅典的泰门》：第 81、180～181 页

与朋友分享：第 177～178 页

兄弟姐妹关系：第 88～89、90 页

西尔弗斯，罗伯特：第 159 页

罪恶

 奥古斯丁提出的"并不友好的友谊"：第 67 页

 以及对朋友的忠诚：第 49～50、52、164、180 页

辛克莱，梅：第 13 页

情境化的同性恋：第 114～116 页

斯密，亚当：第 103～105 页

朋友的社会地位

 阿喀琉斯和普特洛克勒斯：第 126～127、132 页

 大卫和乔纳森：第 136 页

社会性：作为人类必需品的友谊：第 170～171、178～179 页

社会和友谊

 亚里士多德的观点：第 31～32、36～37、40、88 页

 历史强加的社会和性角色：第 155～157 页

 友谊中的性和约束：第 191～192 页

苏格拉底：第 44 页

 在柏拉图的《吕西斯篇》中：第 19、20、21～25、26～27 页

在柏拉图的《飨宴篇》中：第27～30页

慰藉：第177页

孤独：培根观点：第91页

桑塔格，苏珊：第161页

索福克勒斯：第14、147页

特殊的友谊：蒙田的观点：第82、87～88、90～91页

斯宾塞，《贫民乡村小伙》：第151页

司汤达：第118页

斯特涅罗斯和狄俄墨得斯：第140～144页

斯多噶派：第6～8、47、56页

斯特拉齐，利顿：第161页

斯特拉文斯基，伊戈尔：第161页

客观经历：第15、194～199页

同情：第177页

谈话可参阅"朋友之间的交流"

塔弗诺，理查，《智慧花园》：第80页

丁尼生的组诗《纪念 A. H. H.》：第163～166页

丁尼生，埃米莉：第163、165页

忒弥修斯：第141～144页

神学可参阅"基督教思想"

泰奥弗拉斯托斯：第44页

蒂普托夫特，约翰：第79页

交易和平淡友谊

双生子和"另一个自我"的隐喻：第183页

理解：第189~190页

都市化和平淡友谊：第103~105页

用处参阅"工具主义"、"相互利益"、"功利主义"

功利主义（实用主义）：11、33、36页

  也可参阅"工具主义"、"相互利益"

不同的人类需求和友谊：第174~175、186页

维吉尔所著的，《埃涅阿斯纪》：第144~147页

美德和友谊

  西塞罗所著的"论友谊"：第46、55~56页

  对神之爱所获得的美德：第72页

  19世纪的小说和善良的男性友谊：第114~116页

  品德优秀人群的自给自足：第24~25、70页

  以及亚里士多德所著的《尼各马可伦理学》中所提及的真正意义上的友谊：第33~34、35、36~38、72页

  以及伏尔泰所提出的定义：第102~103页

伏尔泰：第95、101~103页

  《老实人》：第101页

  友谊的定义：第102~103页

  沙特莱侯爵夫人：第101~102、158~159页

  《友谊之殿》：第102页

沃尔科特，德里克：第160页

西部小说：第113页

王尔德，奥斯卡：第10、165页

威尔逊，埃德蒙：第160页

友谊之中的智慧：第 28、29、89、92 页

女性之间的友谊：第 12~14、110、117~119 页

  婚姻的约束：第 191~192 页

  历史所强加的社会角色：第 155 页

  历史上所缺少的声音和证据：第 12 页

  关于男性：第 89、101~102、123~124、158~159、173~174、191~194 页

  拿俄米和路得：第 138~140 页

伍尔夫，弗吉尼亚：第 161 页

华兹华斯和柯勒律治：第 157~158 页

色诺芬

  《回忆苏格拉底》：第 44 页

  《飨宴篇》：第 125 页

致　谢

在此对阅读了本书手稿并写下震古烁今批注文字的汉娜·道森博士、悉心研究参考文献及书目的托斯卡·劳埃德和我在伦敦新人文大学的同事和学生们，以及伦敦大学图书馆、伦敦图书馆、英国图书馆的图书管理员和耶鲁大学出版社所有编辑人员致以诚挚的谢意，对于他们为本书顺利出版所提供的帮助和表现出的从实际行动到精神鼓励全方位的友好行为，在此表示感谢。

Friendship by A. C. Grayling

Copyright © 2013 A. C. Grayling

Originally published by Yale University Press

Simplified Chinese version © 2015 by China Renmin University Press.

All Rights Reserved.

图书在版编目（CIP）数据

友谊／（英）葛瑞林（Grayling，A.C.）著；叶继英译．—北京：中国人民大学出版社，2016.1
书名原文：Friendship
ISBN 978-7-300-22286-8

Ⅰ.①友… Ⅱ.①葛…②叶… Ⅲ.①友谊-研究 Ⅳ.①B824.2

中国版本图书馆 CIP 数据核字（2015）第 316601 号

友谊
A.C. 葛瑞林 著
叶继英 译
Youyi

出版发行	中国人民大学出版社				
社　　址	北京中关村大街 31 号		邮政编码	100080	
电　　话	010-62511242（总编室）		010-62511770（质管部）		
	010-82501766（邮购部）		010-62514148（门市部）		
	010-62515195（发行公司）		010-62515275（盗版举报）		
网　　址	http://www.crup.com.cn				
	http://www.ttrnet.com（人大教研网）				
经　　销	新华书店				
印　　刷	北京联兴盛业印刷股份有限公司				
规　　格	145 mm×210 mm　32 开本		版　次	2016 年 4 月第 1 版	
印　　张	9.875 插页 2		印　次	2016 年 4 月第 1 次印刷	
字　　数	206 000		定　价	39.00 元	

版权所有　侵权必究　印装差错　负责调换